建筑工程管理与结构设计研究

陈佳伟　宋　晖　梁幻天　著

中国建材工业出版社
北　京

图书在版编目(CIP)数据

建筑工程管理与结构设计研究/陈佳伟，宋晖，梁幻天著. --北京：中国建材工业出版社，2024.6

ISBN 978-7-5160-4190-1

Ⅰ. TU71；TU3

中国国家版本馆 CIP 数据核字第 2024L8P675 号

建筑工程管理与结构设计研究

JIANZHU GONGCHENG GUANLI YU JIEGOU SHEJI YANJIU

陈佳伟　宋　晖　梁幻天　　著

出版发行：中国建材工业出版社

地　　址：北京市西城区白纸坊东街 2 号院 6 号楼

邮　　编：100054

经　　销：全国各地新华书店

印　　刷：北京印刷集团有限责任公司

开　　本：710mm×1000mm　1/16

印　　张：12.25

字　　数：162 千字

版　　次：2025 年 1 月第 1 版

印　　次：2025 年 1 月第 1 次

定　　价：65.00 元

本社网址：www. jccbs. com，微信公众号：zgjcgycbs

请选用正版图书，采购、销售盗版图书属违法行为

本书如有印装质量问题，由我社事业发展中心负责调换，联系电话：(010)63567692

前言

我国经济的快速发展推动了城市建筑的持续创新，随着新型城市化与城镇化的出现，建筑工程的管理理念也在发生着质的转变，建筑设计思路更加开阔，设计理念更加创新，设计方向更加多元化。就建筑工程管理而言，建筑工程管理影响着建筑工程的建设成本、进度、安全等，是建筑施工企业与建设单位能够获得良好经济效益和社会名誉的基础和关键所在。

建筑结构设计是一个非常系统的工作，需要相关从业者掌握扎实的基础理论知识，并具备严肃、认真和负责的工作态度。且随着我国市场经济的飞速发展和城市化进程的日益加快，人们对建筑的安全与美观也有了更高的要求，这就要求建筑行业也要重视建筑的结构设计，这在一定程度上大大提高了施工的难度。

在建筑工程中，结构设计与工程管理是相辅相成、缺一不可的重要环节。建筑工程是一个综合性强、涉及面广的领域，其中结构设计与施工管理是至关重要的环节。结构设计是建筑工程的核心，直接关系到建筑物的安全性、稳定性和使用功能。建筑结构的设计直接影响到建筑物的安全性和可靠性，而工程管理则决定了项目能否按时、按质量、按成本完成。只有在科学规划、精心设计和有效管理下，才能确保建筑物具有良好的安全性、稳定性和使用功能。希望通过本文对建筑工程管理与结构设计相关内容的介绍，能够使读者对这一领域有更深入地了解，并在实际工作中加以运用。

在撰写本书的过程中，作者参考了大量的学术文献，也得到了许多专家学者的帮助和指导，在此表示真诚的感谢。由于作者水平有限，书中难免会有疏漏之处，希望广大同行和读者及时指正。

目录

第一章　建筑工程管理理论

第一节　项目与建筑工程项目

一、工程项目

（一）工程项目的含义

项目是指在一定的约束条件下，具有特定的明确目标和完整组织的一次性任务或工作。项目如今广泛地存在于人们的工作和生活中，比如开发一种新产品，安排一场演出，建一幢房子等都可以称为一个项目。

工程项目是指在一定的约束条件下（如限定资源、限定时间、限定质量等），具有特定的明确目标和完整组织的一次性工程建设任务或工作。一个工程项目的建成，需要多单位、多部门的参与配合，不同的参与者对同一个工程项目的称呼不同，如投资项目、开发项目、设计项目、工程项目、监理项目等。

（二）工程项目的特点

1. 在一定的约束条件下，工程项目以形成固定资产为特定目标

任何项目都是在一定的约束条件（如人力、物力和财力等）下进行的。其中，质量目标、进度目标和费用目标是工程项目普遍存在的三个主要约束条件。

2. 工程项目具有特定的对象和明确的目标

所有工程项目都具有特定的对象（如可能是一家商场、一所学校或一座污水处理厂），工程项目的建设周期、造价和功能都是独特的，建成后所

发挥的作用和效益也是独一无二的。工程项目的建设需要遵循必要的建设程序和经过特定的建设过程。

3.工程项目有资金限制和经济性要求

任何一个工程项目,其投资方都不可能无限制地投入资金,为追求最大的利益,投资方总希望投入得越少越好,而产出得越多越好。工程项目只能在资金许可的范围内完成其项目所追求的目标,即项目的功能要求,包括建设规模、产量和效益等经济性要求。

4.一次性

任何工程项目总体来说都是一次性的,是不重复的,它经历前期策划、批准、设计和计划、实施、运行的全过程,最后结束。即使两幢造型和结构形式完全相同的房屋,也必然存在着差异,如实施时间不同、环境不同、项目组织不同、风险不同等。

5.复杂性和系统性

现代工程项目具有规模大、范围广、风险大、建设周期长和不确定因素多等特点,其组成专业和协作单位众多,建设地点、人员和环境不断变化,加之项目管理组织是临时性的,大大增加了工程项目管理的复杂性。因此,要把工程项目建设好,就必须采用系统的理论和方法,根据具体的对象,将松散的组织、人员、单位组成有机的整体,在不同的限制条件下,圆满完成工程项目的建设目标。

(三)工程项目的分类

工程项目的分类方法很多,可按照管理主体和内容的不同、专业的不同、工程项目建设性质的不同及工程项目用途的不同等简单划分为如下几类。

按管理主体和内容的不同可分为业主项目、设计项目和工程项目等。

按专业的不同可分为建筑工程项目、安装工程项目、桥梁工程项目、公路工程项目、铁路工程项目、水电工程项目等。

按工程项目建设性质的不同可分为新建项目、扩建项目、改建项目、恢复项目和迁建项目等。

按工程项目用途的不同可分为生产性建设项目和非生产性建设项目等。

按工程项目资金来源的不同可分为国家投资项目、银行信贷项目、自筹资金项目、引进外资项目、利用资本市场融资项目等。

(四)工程项目的组成

工程项目即建设项目按照层次从高到低的顺序可将其组成分解为:建设项目→单项工程→单位工程→分部工程→分项工程。

1. 建设项目

统计意义上的建设项目是指在一个总体设计范围内,经济上实行独立核算,行政上具有独立的组织形式的建设工程,可由一个或数个单项工程组成。

2. 单项工程

单项工程是建设项目的组成部分,是指在一个建设项目中,具有独立的设计文件,进行独立施工,建成后能够独立发挥生产能力或效益的工程。例如,某工厂的某一生产车间,某学校的教学楼、图书馆等,都是能够独立发挥其生产能力或使用功能的单项工程。

3. 单位工程

单位工程是单项工程的组成部分,是指具有独立的施工组织设计及单独作为计算成本对象,但建成后不能独立进行生产或发挥效益的工程。一个工程项目,按照它的构成可分为土建工程和安装工程等单位工程。

4. 分部工程

分部工程是单位工程的组成部分,是按单位工程的结构部位、使用的材料、工种或设备种类和型号等的不同而划分的工程。

5. 分项工程

分项工程是分部工程的组成部分,是按照不同的施工方法,不同的材料及构件规格,将分部工程分解为一些简单的施工过程,是建设工程中最基本的单位,即通常所指的各种实物工程量。

二、建筑工程项目

建筑工程项目是工程项目的重要组成内容，也称为建筑产品。建筑产品的最终形式为建筑物和构筑物，它除具有工程项目的一般特点外，还有以下特点。

（一）庞大性

建筑产品与一般产品相比，从体积、占地面积和自重上来看都相当庞大，从耗用的资源品种和数量上来看也是相当巨大的。

（二）固定性

建筑产品由于体积庞大，移动非常困难，它又是人类主要的活动场所，不仅需要舒适，更需要满足安全、耐用等功能上的要求，这就要求它与大地固定在一起。

（三）多样性

建筑产品的多样性体现在功能不同、承重结构不同、建造地点不同、参与建设人员不同、使用材料不同等方面。

（四）持久性

建筑产品由于是人们生活、工作的主要场所，不仅建造时间长，而且使用时间更长。房屋建筑的合理使用年限短则几十年，长则上百年，有些建筑距今已有几百年的历史，仍然保存完好。

三、建筑工程项目管理

（一）建筑工程项目管理的时间范畴

建筑工程项目的全寿命周期包括项目的决策阶段、实施阶段和使用阶段（或称运营阶段）。建筑工程管理则涉及项目全寿命周期的管理，它涵盖了决策阶段的管理（开发管理 DM）、实施阶段的管理（项目管理 PM）、使用阶段的管理（设施管理 FM）。建筑工程管理工作是一种增值服务工作，其核心任务是为工程的建设和使用增值。工程项目管理只是建筑工程管理的一个组成部分，工程项目管理工作仅限于在实施阶段的工作，也就是说，项目的实施阶段即为工程项目管理的时间范畴，包括设计准备阶段、设计阶段、施工阶段、动工前准备阶段和保修阶段，其核心任务是项目的目标控制。招标投标工作分散于设计前的准备阶段、设计阶段和施工阶段，可以不单独列出招标投标阶段。

（二）工程项目管理的概念

工程项目管理就是运用系统的理论和方法，对建设工程项目进行的计划、组织、指挥、协调和控制等专业化活动，简称为项目管理。其内涵为：自项目开始至项目完成，通过项目策划和项目控制，以使项目的费用目标、进度目标和质量目标得以实现。其中："自项目开始至项目完成"指的是项目的实施阶段；"项目策划"指的是目标控制前的一系列筹划和准备工作；"费用目标"对业主而言是指投资目标，对施工方而言是指成本目标。

（三）建筑工程项目管理的概念

建筑工程项目管理是针对建筑工程而言的，它是指在一定的约束条件下，以建筑工程项目为对象，以最优实现建筑工程项目目标为目的，以建筑工程项目经理负责制为基础，以建筑工程承包合同为纽带，对建筑工程项目进行高效率的计划、组织、协调、控制和监督的系统管理活动。

（四）建筑工程项目管理的发展趋势

项目管理作为一门学科，多年来不断地在发展，传统的项目管理是该学科的第一代，第二代是多个相互有关联的项目的项目管理，第三代是多项目（不一定有关联）的组合管理，第四代是变更管理。将项目决策阶段的开发管理、实施阶段的项目管理和使用阶段的设施管理集成为项目全寿命管理。在项目管理中应用信息技术，包括项目管理信息系统和项目信息门户，即业主和项目各参与方在互联网平台上进行工程管理等。

（五）建筑工程项目管理的重要性

当今社会中，项目管理无处不在。人们居住的房屋、使用的电器等都是采用项目的形式生产的，许多人类活动都是通过项目来开展的，可见项目管理的重要性。

项目管理的理论来自相关专家和一线项目管理人员的实践经验总结，并且目前还有许多项目管理人员仍在不断地发现并积累新的专业知识。通常，他们要在相当长的时间内（如5～10年），通过不懈的努力，才能成为合格的项目管理专业人员。同时，随着科技的进步和经济的发展，需要建设许多大型项目，这些项目技术复杂、工艺要求高、投资额大，投资者和建设者都难以承担由于项目组织和管理的失误而造成的损失。项目管理的重要性已为越来越多的组织（包括各类企业、社会团体，甚至政府机关）所认可，为了减少项目进行过程中的盲目性和偶发性，于是这些组织要求他们的雇员系统地学习项目管理知识。当前，项目管理的理论与实践方法在各行各业的大小项目中被广泛应用。

四、建筑工程中各参与方的项目管理的目标和任务

（一）建筑工程项目管理的类型

由于工程项目管理的核心任务是项目的目标控制，因此，按照项目管理学的基本理论，没有明确的目标的建设工程不是项目管理的对象。从工程实践的意义上讲，如果一个建设项目没有明确的费用目标、进度目标和质量目标，就没有必要进行管理，事实上也无法进行定量的目标控制。

一个建筑工程项目往往是由许多参与单位承担不同的建设任务，而各参与单位的工作性质、工作任务和利益不同，因此也就形成了不同类型的项目管理。按建筑工程项目不同参与方的工作性质和组织特征划分，建筑工程项目管理包括：业主方的项目管理；设计方的项目管理；施工方的项目管理；供货方的项目管理；建设项目工程总承包方的项目管理等。

（二）各参与方的项目管理的目标和任务

1.业主方项目管理的目标和任务

业主方的项目管理是指投资方、开发商的项目管理，或由咨询公司提供的代表业主方利益的项目管理服务。业主方的项目管理往往是该项目的项目管理的核心。业主方项目管理的目标包括项目的投资目标、进度目标和质量目标等。其中，投资目标指的是项目的总投资目标，是项目从

筹建到竣工投入使用为止发生的全部费用(包括建筑安装工程费、设备工器具购置费、工程建设其他费、预备费、建设期贷款利息、固定资产投资方向调节税等);进度目标指的是项目动用的时间目标,也就是项目交付使用的时间目标,如工厂建成开始投产,道路建成可以通车,办公楼可以启用,旅馆开始营业的时间目标等;项目的质量目标不仅涉及施工质量,还包括设计质量、材料质量、设备质量和影响项目运行或运营的环境质量等,质量目标应包括满足相应的技术规范和技术标准的规定以及业主方相应的质量要求。

建设项目的投资目标、进度目标、质量目标三者之间的关系是对立统一的关系。要加快进度往往需要增加投资,要提高质量往往也需要增加投资,过度地加快进度则会影响质量,这些情况反映了三大目标之间的对立关系;通过有效的管理,在不增加投资的前提下,也有可能缩短工期和提高工程质量,增加一些投资不仅可能减少将来为弥补质量缺陷而进行的追加投资,还可以赶进度提前竣工从而带来良好时机的乐观收益等,这些情况反映了三大目标之间的统一关系。

业主方的项目管理涉及项目实施阶段的全过程,即在设计准备阶段、设计阶段、施工阶段、动用前准备阶段和保修阶段分别进行以下任务:①安全管理;②投资控制;③进度控制;④质量控制;⑤合同管理;⑥信息管理;⑦组织与协调。

2.设计方项目管理的目标和任务

设计方作为项目建设的参与方之一,其项目管理主要服务于项目的整体利益和设计方本身的利益,其项目管理的目标包括设计的成本目标、设计的进度目标和设计的质量目标,以及项目的投资目标。项目的投资目标能否实现与设计工作密切相关。

设计方的项目管理工作主要在设计阶段进行,但它也涉及设计准备阶段、施工阶段、动用前准备阶段和保修阶段。设计方项目管理的任务包括:①与设计工作有关的安全管理;②设计成本控制和与设计工作有关的工程造价控制;③设计进度控制;④设计质量控制;⑤设计合同管理;⑥设计信息管理；⑦与设计工作有关的组织和协调。

3.施工方项目管理的目标和任务

施工方为项目建设的一个重要参与方，施工方的项目管理（包括施工总承包方、施工总承包管理方和分包方的项目管理，不包括项目总承包方）主要服务于项目的整体利益和施工方本身的利益，其项目管理的目标为施工成本目标、进度目标和质量目标。

施工方的项目管理工作主要在施工阶段进行，但它也涉及设计准备阶段、设计阶段、动用前准备阶段和保修期。由于在工程实践中，设计阶段和施工阶段往往是交叉的，因此施工方的项目管理工作也涉及设计阶段。施工方项目管理的任务包括：①施工安全管理；②施工成本控制；③施工进度控制；④施工质量控制；⑤施工合同管理；⑥施工信息管理；⑦与施工有关的组织与协调等。

在工程实践中，建设项目的施工管理和该项目施工方的项目管理是两个相互有关联，但内涵并不相同的概念。施工管理是传统的较广义的术语，它包括施工方履行施工合同应承担的全部工作和任务，既包含项目管理方面的专业性工作（专业人士的工作），也包含一般的行政管理工作。

20世纪80年代末，我国的大中型建设项目引进了为业主方服务（或称代表业主利益）的工程项目管理方面的咨询公司，这属于业主方项目管理的范畴。然而，在国际上，工程项目管理咨询公司不仅为业主提供服务，也向施工方、设计方和供货方提供服务。施工企业委托工程项目管理咨询公司对项目管理的某个方面提供的咨询服务也属于施工方项目管理的范畴。

4.供货方项目管理的目标和任务

供货方的项目管理（材料和设备供应方的项目管理）主要服务于项目的整体利益和供货方本身的利益，其项目管理的目标包括供货方的成本目标、供货的进度目标和供货的质量目标。

供货方的项目管理工作主要在施工阶段进行，但它也涉及设计准备阶段、设计阶段、动用前准备阶段和保修期。供货方项目管理的任务包括:①供货方的安全管理;②供货方的成本控制;③供货方的进度控制;④供货方的质量控制;⑤供货合同管理;⑥供货信息管理;⑦与供货方有关的组织与协调。

5.建设项目工程总承包方项目管理的目标和任务

建设项目工程总承包方的项目管理(如设计和施工任务综合承包,或设计、采购和施工任务综合承包的项目管理)主要服务于项目的整体利益和建设项目总承包方本身的利益,其项目管理的目标包括项目的总投资目标和总承包方的成本目标、项目的进度目标和项目的质量目标。

建设工程项目总承包方项目管理工作涉及项目实施阶段的全过程,即设计准备阶段、设计阶段、施工阶段、动工前准备阶段和保修期。建设工程项目总承包方项目管理的任务包括:①安全管理;②投资控制和总承包方的成本控制;③进度控制;④质量控制;⑤合同管理;⑥信息管理;⑦与建设工程项目总承包方有关的组织和协调。

第二节　建设工程管理类型与任务

一、建设工程项目管理的类型

每个建设项目都需要投入巨大的人力、物力和财力等社会资源进行建设,并经历着项目的策划、决策立项、场址选择、勘察设计、建设准备和施工安装活动等环节,最后才能提供生产或使用,也就是说它有自身的产生、形成和发展过程。这个构成的各个环节相互联系、相互制约,受到建设条件的影响。

建设工程项目管理的内涵是:自项目开始至实施期;“项目策划”指的是目标控制前的一系列筹划和准备工作;“费用目标”对业主而言是投资目标,对施工方而言是成本目标。项目决策期管理工作的主要任务是确定项目的定义,而项目实施期管理的主要任务是通过管理使往日的目标得以实现。

按建设工程生产组织的特点，一个项目往往由许多参与单位承担不同的建设任务，而各参与单位的工作性质、工作任务和利益不同，因此就形成了不同类型的项目管理。由于业主方是建设工程项目生产过程的总集成者—人力资源、物质资源和知识的集成，业主方也是建设工程项目生产过程的总组织者，因此对于一个建设工程项目而言，虽然有代表不同利益方的项目管理，但是，业主方的项目管理是管理的核心。

（一）按管理层次划分

按项目管理层次可分为宏观项目管理和微观项目管理。

宏观项目管理是指政府（中央政府和地方政府）作为主体对项目活动进行的管理。这种管理一般不是以某一具体的项目为对象，而是以某一类开发或某一地区的项目为对象，其目标是国家或地区的整体综合效益。项目宏观管理的手段是行政、法律、经济手段并存，主要包括：项目相关产业法规政策的制定，项目的财、税、金融法规政策，项目资源要素市场的调控，项目程序及规范的制定与实施，项目过程的监督检查等。微观项目管理是指项目业主或其他参与主体对项目活动的管理。项目的参与主体一般主要包括：业主，指项目的发起人、投资人和风险责任人；项目任务的承接主体，指通过承包或其他责任形式承接项目全部或部分任务的主体；项目物资供应主体，指为项目提供各种资源（如资金、材料设备、劳务等）的主体。

微观项目管理是项目参与者为了各自的利益而以某一具体项目为对象进行的管理，其手段主要是各种微观的法律机制和项目管理技术。一般意义上的项目管理，即指微观项目管理。

（二）按管理范围和内涵不同划分

按工程项目管理范围和内涵不同分为广义的项目管理和狭义的项目管理。

广义的项目管理包括从项目投资意向到项目建议书、可行性研究、建设准备、设计、施工、竣工验收、项目后评估全过程的管理。

狭义的项目管理指从项目正式立项开始，即从项目可行性研究报告批准后到项目竣工验收、项目后评估全过程的管理。

(三)按管理主体不同划分

一项工程的建设，涉及不同管理主体，如项目业主、项目使用者、科研单位、设计单位、施工单位、生产厂商、监理单位等。从管理立体看，各实施单位在各阶段的任务、目的、内容不同，也就构成了项目管理的不同类型，概括起来大致有以下几种项目管理。

1. 业主方项目管理

业主方项目管理是指由项目业主或委托人对项目建设全过程的监督与管理。按项目法人责任制的规定，新上项目的项目建议书被批准后，由投资方派代表，组建项目法人筹备组，具体负责项目法人的筹建工作，待项目可行性研究报告批准后，正式成立项目法人，由项目法人对项目的策划、资金筹措、建设实施生产经营、债务偿还、资产的增值保值，实行全过程负责，依照国家有关规定对建设项目的建设资金、建设工期、工程质量、生产安全等进行严格管理。

项目法人可聘任项目总经理或其他高级管理人员，由项目总经理组织编制项目初步设计文件，组织设计、施工、材料设备采购的招标工作，组织工程建设实施，负责控制工程投资、工期和质量，对项目建设各参与单位的业务进行监督和管理。项目总经理可由项目董事会成员兼任或由董事会聘任。

项目总经理及其管理班子具有丰富的项目管理经验，具备承担所任职工作的条件。

从性质上讲是代替项目法人，履行项目管理职权的。因此，项目法人和项目经理对项目建设活动组织管理构成了建设单位的项目管理，这是一种习惯称谓。其实项目投资也可能是合资。

项目业主是由投资方派代表组成的，从项目筹建到生产经营并承担投资风险的项目管理班子。

2. 监理方的项目管理

较长时间以来，我国工程建设项目组织方式一直采用工程指挥部制或建设单位自营自管制。由于工程项目的一次性特征，这种管理组织方式往往有很大的局限性，首先在技术和管理方面缺乏配套的力量和项目管理经验，即使配套了项目管理班子，在无连续建设任务时，也是不经济的。因此，结合我国国情并参照国外工程项目管理方式，在全国范围，提出工程项目建设监理制。

3. 承包方项目管理

作为承包方，采用的承包方式不同，项目管理的含义也不同。施工总承包方和分包方的项目管理都属于施工方的项目管理。建设项目总承包有多种形式，如设计和施工任务综合的承包，设计、采购和施工任务综合的承包（简称 EPC 承包）等，它们的项目管理都属于建设项目总承包方的项目管理。

二、业主方项目管理的目标和任务

业主方项目管理是站在投资主体的立场上对工程建设项目进行综合性管理，以实现投资者的目标。项目管理的主体是业主，管理的客体是项目从提出设想到项目竣工、交付使用全过程所涉及的全部工作，管理的目标是采用一定的组织形式，采取各种措施和方法，对工程建设项目所涉及的所有工作进行计划、组织、协调、控制，以达到工程建设项目的质量要求，以及工期和费用要求，尽量提高投资效益。

业主方的项目管理工作涉及项目实施阶段的全过程，即在设计前的准备阶段、设计阶段、施工阶段、动用前准备阶段和保修期，各阶段的工作任务包括安全管理、投资控制、进度控制、质量控制、合同管理、信息管理、组织和协调。

业主方项目管理服务于业主的利益，其项目管理的目标包括项目的投资目标、进度目标和质量目标。其中投资目标指的是项目的总投资目标。进度目标指的是项目动用的时间目标，也即项目交付使用的时间目标，如工厂建成可以投入生产、道路建成可以通车、旅馆可以开业的时间目标等。项目的质量目标不仅涉及施工的质量，还包括设计质量、材料质量、设备质量和影响项目运行或运营的环境质量等。质量目标包括满足相应的技术规范和技术标准的规定，以及满足业主方相应的质量要求。

业主要与不同的参与方分别签订相应的经济合同，要负责从可行性研究开始，直到工程竣工交付使用的全过程管理，是整个工程建设项目管理的中心。因此，必须运用系统工程的观念、理论和方法进行管理。业主在实施阶段的主要任务是组织协调、合同管理、投资控制、质量控制、进度控制、信息管理。为了保证管理目标的实现，业主对工程建设项目的管理应包括以下职能。

第一，决策职能。由于工程建设项目的建设过程是一个系统工程，因此每一建设阶段的启动都要依靠决策。

第二，计划职能。围绕工程建设项目建设的全过程和总目标，将实施过程的全部活动都纳入计划轨道，用动态的计划系统协调和控制整个工程建设项目，保证建设活动协调有序地实现预期目标。只有执行计划职能，才能使各项工作可以预见和能够控制。

第三，组织职能。业主的组织职能既包括在内部建立工程建设项目管理的组织机构，又包括在外部选择可靠的设计单位与承包单位实施工程建设项目不同阶段、不同内容的建设任务。

第四，协调职能。由于工程建设项目实施的各个阶段在相关的层次、相关的部门之间存在大量的结合部，构成了复杂的关系和矛盾，应通过协调职能进行沟通，排除不必要的干扰，确保系统的正常运行。

第五，控制职能。工程建设项目主要目标的实现是以控制职能为主要手段，不断通过决策、计划、协调、信息反馈等手段，采用科学的管理方法确保目标的实现。目标既有总体目标，也有分项目标，各分项目标组成了一个体系。因此，对目标的控制也必须是系统的、连续的。

业主对工程建设项目管理的主要任务就是要对投资、进度和质量进行控制。

项目的投资目标、进度目标和质量目标之间既有矛盾的一面，也有统一的一面，它们之间的关系是对立统一的关系。要加快进度往往需要增加投资,要提高质量往往也需要增加投资,过度缩短进度会影响质量目标的实现,这都表现了目标之间关系矛盾的一面。但通过有效的管理,在不增加投资的前提下,也可缩短工期和提高工程质量,这反映了关系统一的一面。

建设工程项目的全寿命周期包括项目的决策阶段、实施阶段和使用阶段。项目的实施阶段包括设计前的准备阶段、设计阶段、施工阶段、动用前准备阶段和保修阶段。招投标工作分散在设计前的准备阶段、设计阶段和施工阶段中进行,因此可以不单独列为招投标阶段。

业主方项目管理服务于业主的利益,其项目管理的目标包括项目的投资目标和进度。

三、设计方项目管理的目标和任务

设计单位受业主委托承担工程项目的设计任务,以设计合同所界定的工作目标及其责任义务作为该项工程设计管理的对象、内容和条件,通常简称设计项目管理。

设计项目管理的工作内容是履行工程设计合同和实现设计单位经营方针目标。

设计方项目管理是由设计单位对自身参与的工程项目设计阶段的工作进行管理。因此,项目管理的主体是设计单位,管理的客体是工程设计项目的范围。大多数情况下是在项目的设计阶段。但业主根据自身的需要可以将工程设计项目的范围往前、后延伸,如延伸到前期的可行性研究阶段或后期的施工阶段,甚至竣工、交付使用阶段。一般来说,工程设计项目管理包括以下工作:设计投标、签订设计合同、开展设计工作、施工阶段的设计协调工作等。工程设计项目的管理职能同样是进行质量控制、进度控制和费用控制,按合同的要求完成设计任务,并获得相应报酬。

设计方作为项目建设的一个参与方,其项目管理主要服务于项目的整体利益和设计方本身的利益。其项目管理的目标包括设计的成本目标、设计的进度目标和设计的质量目标以及项目的投资目标。项目的投资目标能否实现与设计工作密切相关。

设计方的项目管理工作主要在设计阶段进行，但它也涉及设计前的准备阶段、施工阶段、动用前准备阶段和保修期。

四、施工项目管理的目标和任务

施工方对工程承包项目的管理在其承包的范围内进行。此时，承包商处于应者的地位（向业主提供）。其管理的覆盖面通常是在工程建设项目的招投标、施工、竣工验收和交付使用阶段。施工方项目管理的总目标是实现企业的经营目标和履行施工合同，具体的目标是施工质量、成本、进度、施工安全和现场标准化。这一目标体系既是企业经营目标的体现，也和工程项目的总目标密切联系。施工方作为项目建设的一个参与方，其项目管理主要服务于项目的整体利益和施工方本身的利益。其项目管理的目标包括施工的成本目标、施工的进度目标和施工质量目标。

施工方的项目管理工作主要在施工阶段进行，但它也涉及设计准备阶段、设计阶段、动用前准备阶段和保修期。在工程初期，设计阶段和施工阶段往往是交叉的，因此施工方的项目管理工作也涉及设计阶段。

（一）施工方项目管理的任务

第一，施工安全管理。

第二，施工成本控制。

第三，施工质量控制。

第四，施工合同管理。

第五，施工进度控制。

第六，施工信息管理。

第七，与施工有关的组织与协调。

施工项目管理的主体是以施工项目经理为首的项目经理部，客体是具体的施工对象、施工活动以及相关的生产要素。

（二）工程承包项目管理的主要内容

1. 建立承包项目经理部

第一，选聘工程承包项目经理部。

第二，以适当的组织形式，组建工程承包项目管理机构，明确责任、权限和义务。

第三，按照工程承包项目管理的要求，制定工程承包项目管理制度。

2. 制订工程承包项目管理计划

工程项目管理计划是对该项目管理组织内容、方法、步骤、重点进行预测和决策等作出的具体安排。工程承包项目管理计划的主要内容有：

第一，进行项目分解，以便确定阶段性控制目标，从局部到整体进行工程项目承包活动和进行工程承包项目管理。

第二，建立工程承包项目管理工作体系，绘制工程承包项目管理工作结构图和相应管理信息流程图。

第三，绘制工程承包项目管理计划，确定管理点，形成文件，以利执行。

3. 进行工程承包项目的目标控制

主要包括进度、质量、成本、安全施工现场等目标控制。

4. 对施工项目的生产要素进行优化配置和动态管理

施工项目的生产要素是工程承包项目目标得以实现的保证，主要包括劳动力、材料、设备、资金和技术。

生产要素管理的内容包括：

第一，分析各项生产要素的特点。

第二，按照一定原则、方法对施工活动生产要素进行优化配置，并对配置状况进行评价。

第三，对施工项目的各项生产要素进行动态管理。

（三）工程承包项目的合同管理

由于工程承包项目管理是在市场条件下进行的特殊交易活动的管理，这种交易从招投标开始，持续于管理的全过程，因此必须签订合同，进行履约经营。合同管理的好坏直接涉及工程承包项目管理以及工程承包项目的技术经济效果和目标实现。

（四）工程承包项目的信息管理

工程承包项目管理是一项复杂的现代化管理活动，要依靠大量的信息及对大量信息进行管理。

五、供货方项目管理的目标和任务

从建设项目管理的系统分析角度看，建设物资供应工作也是工程项目实施的一个子系统，它有明确的任务和目标、明确的制约条件，与项目实施子系统有着内在联系。因此制造厂、供应商同样可以将加工生产制造和供应合同所界定的任务，作为项目进行目标管理和控制，以适应建设项目总目标控制的要求。

供货方作为项目建设的一个参与方，其项目管理主要服务于项目的整体利益和供货方本身的利益。其项目管理的目标包括供货的成本目标、供货的进度目标和供货的质量目标。

供货方的项目管理工作主要在施工阶段进行，但它也涉及设计准备阶段、设计阶段、动用前准备阶段和保修期。

供货方项目管理的任务包括：

第一，供货的安全管理。

第二，供货的成本控制。

第三，供货的进度控制。

第四，供货的质量控制。

第五，供货合同管理。

第六，供货信息管理。

第七，与供货有关的组织与协调。

六、建设工程项目总承包方项目管理的目标和任务

工程总承包方的项目管理是指当工程项目采用设计—施工一体化承包模式时，由工程总承包公司根据承包合同的工作范围和要求对工程的设计、施工阶段进行一体化管理。因此，总承包方的项目管理是贯穿项目

实施全过程的全面管理,既包括设计阶段,也包括施工安装阶段。其性质和目的是合同履行工程总承包合同,以实现企业承建工程的经营方针和目标,取得预期经营效益为动力而进行的工程项目自主管理。

建设工程项目总承包方作为项目建设的一个参与方,其项目管理主要服务于项目的整体利益和建设项目总承包方本身的利益。其项目管理的目标包括项目的总投资目标和总承包方的成本目标、项目的进度目标和项目的质量目标。

建设工程项目总承包方项目管理工作涉及项目实施阶段的全过程,即设计前的准备阶段、设计阶段、施工阶段、动用前准备阶段和保修期。

工程总承包的项目管理在性质上和设计方、施工方的项目管理相同,但是总承包可以凭借自身的技术和管理优势,通过对设计和施工方案的一体化优化以及实施中的整体化管理来实施项目管理。显然,总承包方项目管理的任务是在合同条件的约束下,依靠自身的技术和管理优势或实力,通过优化设计及施工方案,在规定的时间内,保质保量地全面完成工程项目的承建任务。从交易的角度看,项目业主是买方,总承包单位是卖方,因此二者的地位和利益追求是不同的。

第三节　建筑工程项目经理

一、项目经理的设置

项目经理是指工程项目的总负责人。项目经理包括建设单位的项目经理、咨询监理单位的项目经理、设计单位的项目经理和施工单位的项目经理。

由于工程项目的承发包方式不同,项目经理的设置方式也不同。如果工程项目是分阶段发包,则建设单位、咨询监理单位、设计单位和施工单位应分别设置项目经理,各方项目经理代表本单位的利益,承担着各自单位的项目管理责任。如工程项目实行设计、施工、材料设备采购一体化承发包方式，则工程总承包单位应设置统一的项目经理，对工程项目建设实施全过程总负责。随着工程项目管理的集成化发展趋势，应当提倡设置全过程负责的项目经理。

（一）建设单位的项目经理

建设单位的项目经理是由建设单位（或项目法人）委派的领导和组织一个完整工程项目建设的总负责人。对于一些小型工程项目，项目经理可由一人担任，而对于一些规模大、工期长、技术复杂的工程项目，建设单位也可委派分阶段项目经理，如准备阶段项目经理、设计阶段项目经理和施工阶段项目经理等。

（二）咨询、监理单位的项目经理

当工程项目比较复杂而建设单位又没有足够的人员组建一个能够胜任项目管理任务的项目管理机构时，就需要委托咨询单位为其提供项目管理服务。咨询单位需要委派项目经理并组建项目管理机构管理合同履行其义务。对实施监理的工程项目，工程监理单位也需要委派项目经总监理工程师并组建项目监理机构履行监理义务。当然，如果咨询和监理单位为建设单位提供工程监理与项目管理一体化服务，则只需设置一个项目经理，对工程监理与项目管理服务总负责。

对建设单位而言，即使委托咨询监理单位，仍需要建立一个以自己的项目经理为首的项目管理机构。因为在工程项目建设过程中，有许多重大问题仍需由建设单位进行决策，咨询监理机构不能完全代替建设单位行使其职权。

（三）设计单位的项目经理

设计单位的项目经理是指设计单位领导和组织一个工程项目设计的总负责人，其职责是负责一个工程项目设计工作的全部计划、监督和联系工作。设计单位的项目经理从设计角度控制工程项目总目标。

（四）施工单位的项目经理

施工单位的项目经理是指施工单位领导和组织一个工程项目施工的总负责人，是施工单位在施工现场的最高责任者和组织者。施工单位的项目经理在工程项目施工阶段控制质量、成本、进度目标，并负责安全生产管理及环境保护。

二、项目经理的任务与责任

（一）项目经理的任务

1. 施工方项目经理的职责

项目经理在承担工程项目施工管理过程中，履行下列的职责。

（1）贯彻执行国家和工程所在地政府的有关法律法规和政策，执行企业的各项管理制度。

（2）严格财务制度，加强财经管理，正确处理国家、企业与个人的利益关系。

（3）执行项目承包合同中由项目经理负责履行的各项条款。

（4）对工程项目施工进行有效控制，执行有关技术规范和标准，积极推广应用新技术，确保工程质量和工期，实现安全、文明生产，努力提高经济效益。

2. 施工项目经理应具有的权限

项目经理在承担工程项目施工的管理过程中，应当按照建筑施工企业与建设单位签订的工程承包合同，与本企业法定代表人签订“项目管理目标责任书”，并在企业法定代表人授权范围内，负责工程项目施工的组织管理。施工项目经理应当具有下列权限。

（1）参与企业进行的施工项目投标和签订施工合同。

（2）经授权组建项目经理部，确定项目经理部的组织结构，选择、聘任管理人员，确定管理人员的职责，并定期进行考核、评价和奖惩。

（3）在企业财务制度规定的范围内，根据企业法定代表人授权和施工项目管理的需要，决定资金的投入和使用，决定项目经理部的计酬办法。

（4）在授权范围内，按物资采购程序性文件的规定行使采购权。

（5）根据企业法定代表人授权或按照企业的规定选择、使用作业队伍。

(6)主持项目经理部工作，组织制定施工项目的各项管理制度。

(7)根据企业法定代表人授权，协调和处理和施工项目管理有关的内部与外部事项。

3.施工项目经理的任务

施工项目经理的任务包括项目的行政管理和项目管理两个方面，其在项目管理方面的主要任务：施工安全管理、施工成本控制、施工进度控制、施工质量控制、工程合同管理、工程信息管理及与工程施工有关的组织与协调等。

(二)项目经理的责任

施工企业项目经理的责任应在“项目管理目标责任书”中加以体现。经考核和审定，对未完成“项目管理目标责任书”确定的项目管理责任目标或造成亏损的，应按其中有关条款承担责任，并接受经济或者行政处罚。“项目管理目标责任书”应包括下列内容。

(1)企业各业务部门与项目经理部之间的关系。

(2)项目经理部使用作业队伍的方式，项目所需材料供应方式和机械设备供应方式。

(3)应达到的项目进度目标、项目质量目标、项目安全目标和项目成本指标。

(4)在企业制度规定以外的、由法定代表人向项目经理委托的事项。

(5)企业对项目经理部人员进行奖惩的依据、标准、办法及应承担的风险。

(6)项目经理解职和项目经理部解体的条件及方法。

在国际上，由于项目经理是施工企业内的一个工作岗位，项目经理的责任则由企业领导根据企业管理的体制和机制，以及根据项目的具体情况而定。企业针对每个项目有十分明确的管理职能分工表，该表明确项目经理对哪些任务承担策划、决策、执行和检查等职能，其将承担的则是相应责任。

项目经理对施工项目管理应承担的责任。工程项目施工应建立以项目经理为首的生产经营管理系统，实行项目经理负责制。项目经理在工程项目施工中处于中心地位，对工程项目施工负有全面管理的责任。

项目经理对施工安全和质量应承担的责任。要加强对建筑业企业项目经理市场行为的监督管理，对于发生重大工程质量安全事故或市场违法违规行为的项目经理，必须依法予以严肃处理。

项目经理对施工项目应承担的法律责任。项目经理由于主观原因或由于工作失误，有可能承担法律责任和经济责任。政府主管部门将追究的主要是其法律责任，企业将追究的主要是其经济责任，但是，如果由于项目经理的违法行为而导致企业的损失，企业也有可能追究其法律责任。

三、项目经理的素质与能力

（一）项目经理应具备的素质

项目经理的素质主要表现在品格、知识性格、学习、身体等方面。

1.品格素质

项目经理的品格品质是指项目经理从行为作风中表现出来的思想、认识、品行等方面的特征，如遵纪守法、爱岗敬业、高尚的职业道德、团队的协作精神、诚信尽责等。

项目经理是在一定的时期和范围内掌握一定权力的职业，这种权力的行使将会对工程项目的成败产生关键性影响。工程项目所涉及的资金少则几十万，多则几亿，甚至几十亿。因此，要求项目经理必须正直、诚实，敢于负责，心胸坦荡，言而有信，言行一致，有比较强的敬业精神。

2.知识素质

项目经理应具有项目管理所需要的专业技术、管理、经济、法律法规知识，并懂得在实践中不断深化和完善自己的知识结构。同时，项目经理还应具有一定的实践经验，即具有项目管理经验和业绩，这样才能得心应手地处理各种可能遇到的实际问题。

3.性格素质

项目经理的工作中，做人的工作占相当大的部分。所以要求项目经理在性格上要豁达、开朗，易于与各种各样的人相处；既要自信有主见，又不能刚愎自用；要坚强，能经得住失败和挫折。

4.学习的素质

项目经理不可能对于工程项目所涉及的所有知识都有比较好的储备，相当一部分知识需要在工程项目管理工作中学习掌握。因此，项目经理必须善于学习，包括从书本中学习，更要向团队的成员学习。

5.身体素质

项目经理应具有良好的身体素质，保持健康的身体和充沛的精力。

(二)项目经理应具备的能力

项目经理应具备的能力包括核心能力、必要能力和增效能力三个层次。其中，核心能力是创新能力；必要能力是决策能力、组织能力和指挥能力；增效能力是控制能力和协调能力。这些能力是项目经理有效地行使其职责、充分地发挥领导作用所应具备的主观条件。

1.创新能力

由于科学技术的迅速发展，新技术、新工艺、新材料、新设备等的不断涌现，人们对建筑产品不断提出新的要求。同时，建筑市场改革的深入发展，大量新的问题需要探讨和解决。面临新形势、新任务，项目经理只有解放思想，以创新的精神、创新的思维方法和工作方法来开展工作，才能实现工程项目总目标。因此，创新能力是项目经理业务能力的核心，关系到项目管理的成败和项目投资效益的好坏。

创新能力是项目经理在项目管理活动中，善于准确地捕捉新事物的萌芽，提出大胆、新颖的推测以及设想，继而进行科学周密的论证，提出可行性解决方案的能力。

2.决策能力

项目经理是项目管理组织的当家人，统一指挥、全权负责项目管理工作，因此要求项目经理必须具备较强的决策能力。同时，项目经理的决策能力是保证项目管理组织生命机制旺盛的重要因素，也是检验项目经理领导水平的一个重要标志，因此，决策能力是项目经理必要能力的关键。

决策能力是指项目经理根据外部经营条件和内部经营实力，从多种方案中确定工程项目建设方向、目标及战略的能力。

3. 组织能力

项目经理的组织能力关系到项目管理工作的效率，因此，有人将项目经理的组织能力比喻为效率的设计师。

组织能力是指项目经理为了有效地实现项目目标，运用组织理论，将工程项目建设活动的各个要素、各个环节，从纵横交错与时间和空间的相互关系上有效、合理地组织起来的能力。如果项目经理有高度的组织能力，并能充分发挥，就能使整个工程项目的建设活动形成一个有机整体，保证其高效率地运转。

组织能力主要包括组织分析能力、组织设计能力和组织变革能力。

(1)组织分析能力

组织分析能力是指项目经理依据组织理论和原则，对工程项目建设的现有组织进行系统分析的能力。主要是分析现有组织的效能，对利弊进行正确的评价，并找出存在的主要问题。

(2)组织设计能力

组织设计能力是指项目经理从项目管理的实际出发，以提高组织管理效能为目标，对工程项目管理组织机构进行基本框架的设计，提出建立哪些系统，分几个层次，明确各主要部门的上下左右关系等。

(3)组织变革能力

组织变革能力是指项目经理执行组织变革方案的能力和评价组织变革方案实施成效的能力。执行组织变革方案的能力，就是在贯彻组织变革设计方案时，引导有关人员自觉行动的能力。评价组织变革方案实施成效的能力，是指项目经理对组织变革方案实施后的利弊，具有做出正确评价的能力，从而利于组织日趋完善，使组织的效能不断提高。

4. 指挥能力

项目经理是工程项目建设活动的最高指挥者，担负着有效地指挥工程项目建设活动的职责。因此，项目经理必须具有高度的指挥能力。

项目经理的指挥能力表现在正确下达命令的能力和正确指导下级的能力两个方面。项目经理正确下达命令的能力是强调其指挥能力中的单一性作用;而项目经理正确指导下级的能力则是强调其指挥能力中的多样性作用。项目经理面对的是不同类型的下级,他们的年龄不同,学历不同,修养不同,性格、习惯也不同,有各自的特点。因此,必须采取因人而异的方式、方法,从而使每一个下级对同一命令有统一的认识和行动。

坚持命令单一性及指导多样性的统一是项目经理指挥能力的基本内容,而要使项目经理的指挥能力有效地发挥,还必须制定一系列有关的规章制度,做到赏罚分明,令行禁止。

5. 控制能力

工程项目的建设如果缺乏有效控制,其管理效果一定不佳。而对工程项目实行全面而有效的控制,则决定于项目经理的控制能力。

控制能力是指项目经理运用各种手段(包括经济、行政、法律、教育等手段),来保证工程项目实施的正常进行、实现项目总目标的能力。

项目经理的控制能力体现在自我控制能力、差异发现能力和目标设定能力等方面。自我控制能力是指本人通过检查自己的工作,进行自我调整的能力。差异发现能力是对执行结果与预期目标之间产生的差异,能及时测定和评议的能力。目标设定能力是指项目经理应善于规定以数量表示出来的接近客观实际的明确的工作目标。这样才便于与实际结果进行比较,找出差异,以利于采取措施进行控制。由于工程项目风险管理的日趋重要,项目经理基于风险管理的目标设定能力和差异发现能力也越来越成为关键能力。

6. 协调能力

项目经理对协调能力掌握和运用得当,就可对外赢得良好的项目管理环境,对内充分调动职工的积极性、主动性和创造性,取得良好的工作效果,以至超过设定的工作目标。

协调能力是指项目经理处理人际关系,解决各方面矛盾,使各单位、各部门乃至全体职工为实现工程项目目标密切配合、统一行动的能力。

现代大型工程项目,牵涉到很多单位、部门和众多的劳动者。要使各单位、各部门、各环节、各类人员的活动能在时间、数量、质量上达到和谐统一，除了依靠科学的管理方法、严密的管理制度之外，在很大程度上要靠项目经理的协调能力，协调主要是协调人与人之间的关系。协调能力具体表现在以下几个方面。

(1)善于解决矛盾的能力

由于人与人之间在职责分工、工作衔接、收益分配差异和认识水平等方面的不同，不可避免地会出现各种矛盾。如果处理不当，还会激化。项目经理应善于分析产生矛盾的根源，掌握矛盾的主要方面，完善解决矛盾。

(2)善于沟通情况的能力

在项目管理中出现不协调的现象。往往是由于信息闭塞，情况没有沟通，为此，项目经理应当具有及时沟通情况、善于交流思想的能力。

(3)善于鼓动和说服的能力

项目经理应有谈话技巧，既要在理论上和实践上讲清道理，又要以真挚的激情打动人心，给人以激励及鼓舞，催人向上。

四、项目经理的选择与培养

(一)项目经理的选择

在选择项目经理时，应注意以下几点。

1.要有一定类似项目的经验

项目经理的职责是要将计划中的项目变成现实。所以，对项目经理的选择，有无类似项目的工作经验是第一位的。那种只能动口不能动手的“口头先生”是无法胜任项目经理工作的。选择项目经理时，判断其是否具有相应的能力可以通过了解其以往的工作经历和结合一些测试来进行。

2.有较扎实的基础知识

在项目实施过程中，由于各种原因，有些项目经理的基础知识较弱，难以应付遇到的各种问题。这样的项目经理所负责的项目工作质量与工作效率不可能很好，所以选择项目经理时要注意其是否有较扎实的基础知识。对基础知识掌握程度的分析可以通过对其所受教育程度和相关知识的测试来进行。

3.要把握重点

对项目经理的要求的确比较广泛，但并不意味非全才不可。事实上对不同项目的项目经理有不同的要求，且侧重点不同。同时也正是由于不同的项目经理能力的差异，才可能使其适应不同项目的要求，保证不同的项目在不同的环境中顺利开展。因此，对项目经理的要求要把握重点，不可求全责备。

(二)项目经理的培养

1.在项目实践中培养

项目经理的工作是要通过其所负责团队的努力，把计划中的项目变成现实。项目经理的能力与水平将在实践中接受检验。所以，在培养项目经理时，首先要注重的就是在实践中培养与锻炼。在实践中培养出的项目经理将能够很快适应项目经理工作的要求。

2.放手与帮带结合

项目经理是在实践中逐步成长起来的，更是伴着成功与失败成长起来的，但项目本身是容不得失败的。因此，要让项目经理尽快成长起来，就必须在放手锻炼的同时，注意帮带结合。

3.知识更新

项目经理要随着科技进步及项目的具体情况，不断地进行知识更新。项目经理的单位领导要注意为项目经理的知识更新创造条件。同时，项目经理自己也要注意平时的知识更新与积累。

第四节　建筑工程管理制度

一、建筑项目法人责任制度

项目法人责任制的核心内容是明确由项目法人承担投资风险，项目法人要对工程项目的建设及建成后的生产经营实行一条龙管理和全面负责。

政府投资的经营性项目需要实行项目法人责任制，政府投资的非经营性项目可实行“代建制”，即通过招标等方式，选择专业化的项目管理单位负责建设实施，严格控制项目投资、质量以及工期，待工程竣工验收后再移交给使用单位，从而使项目的“投资、建设、监管、使用”实现四分离。

（一）项目法人的设立与职权分析

1. 项目法人的设立

对于政府投资的经营性项目而言，项目建议书被批准后，应由项目的投资方派代表组成项目法人筹备组，具体负责项目法人的筹建工作。有关单位在申报项目可行性研究报告时，须同时提出项目法人的组建方案，否则，可行性研究报告不被审批。在项目可行性研究报告被批准后，正式成立项目法人，确保资本金按时到位，并及时办理公司设立登记。项目公司可以是有限责任公司（包括国有独资公司），也可以是股份有限公司。

（1）有限责任公司

有限责任公司是指由 2 个以上、50 个以下股东共同出资，每个股东以其认缴的出资额为限对公司承担责任，公司以其全部资产对债务承担责任的项目法人。有限责任公司不对外公开发行股票，股东之间的出资额不要求等额，而由股东协商确定。

国有控股或参股的有限责任公司要设立股东会、董事会以及监事会。董事会、监事会由各投资方按照《公司法》的有关规定进行组建。

（2）国有独资公司

国有独资公司是由国家授权投资的机构或国家授权的部门为唯一出资人的有限责任公司。国有独资公司不设股东大会，由国家授权投资的机构或国家授权的部门授权公司董事会行使股东会的部分职权，决定公司的重大事项。但公司的合并、分立、解散、增减资本和发行公司债券，必须由国家授权投资的机构或国家授权的部门决定。

（3）股份有限公司

股份有限公司是指全部资本由等额股份构成，股东以其所持股份为限对公司承担责任；公司以其全部资产对债务承担责任的项目法人。股份有限公司应当有5个以上发起人，其突出特点是有可能获准在交易所上市。

国有控股或参股的股份有限公司与有限责任公司一样，也要按照《公司法》的有关规定设立股东会、董事会、监事会和经理层组织机构，其职权与有限责任公司的职权相类似。

2.项目董事会与总经理的职权

(1)项目董事会的职权

项目董事会的职权有：负责筹措建设资金；审核、上报项目初步设计和概算文件；审核、上报年度投资计划并落实年度资金；提出项目开工报告；研究解决建设过程中出现的重大问题：负责提出项目竣工验收申请报告；审定偿还债务计划和生产经营方针，并负责按时偿还债务；聘任或解聘项目总经理，并且根据总经理的提名，聘任或解聘其他高级管理人员。

(2)项目总经理的职权

项自总经理的职权有：组织编制项目初步设计文件，对项目工艺流程、设备选型、建设标准、总图布置提出意见，提交董事会审查；组织工程设计、施工监理、施工队伍和设备材料采购的招标工作，编制和确定招标方案、标底和评标标准，评选和确定投、中标单位。实行国际招标的项目，按现行规定办理；编制并组织实施项目年度投资计划、用款计划、建设进度计划；编制项目财务预、决算；编制并组织实施归还贷款和其他债务计划；组织工程建设实施，负责控制工程投资、工期和质量；在项目建设过程中，在批准的概算范围内对单项工程的设计进行局部调整(凡引起生产性质、能力、产品品种和标准变化的设计调整以及概算调整，需经董事会决定并报原审批单位批准)；根据董事会授权处理项目实施中的重大紧急事件，并及时地向董事会报告；负责生产准备工作和培训有关人员；负责组织项目试生产和单项工程预验收：拟订生产经营计划、企业内部机构设置、劳动定员定额方案及工资福利方案；组织项目后评价，提出项目后评价报告；按时向有关部门报送项目建设、生产信息和统计资料；提请董事会聘任或者解聘项目高级管理人员。

(二)项目法人责任制的优越性

实行项目法人责任制，使政企分开，将建设工程项目投资的所有权与经营权分离，具有许多优越性。

1. 有利于实现项目决策的科学化和民主化

按照《关于实行建设项目法人责任制的暂行规定》要求，项目可行性研究报告批准后，就要正式成立项目法人，项目法人要承担决策风险。为了避免盲目决策和随意决策，项目法人可以采用多种形式，组织技术、经济、管理等方面的专家进行充分论证，提供若干可供选择的方案进行优选。

2. 有利于拓宽项目融资渠道

工程建设资金需用量大，单靠政府投资难以满足国民经济发展和人民生活水平提高的需求。通过设立项目法人，可以采用多种方式向社会多渠道融资，同时还可以吸引外资，从而在短期内实现资本集中，引导其投向工程项目建设。

3. 有利于分散投资风险

实行项目法人责任制，可以更好地实现投资主体多元化，使所有投资者利益共享、风险共担。而且通过公司内部逐级授权，项目建设和经营必须向公司董事会和股东会负责，置于董事会、监事会和股东会的监督之下，使投资责任和风险可以得到更好、更具体的落实。

4. 有利于避免建设与运营相互脱节

实行项目法人责任制，项目法人不但负责建设，而且还负责建成后的经营与还贷，对项目建设与建成后的生产经营实行一条龙管理和全面负责，这样，就将建设的责任和经营的责任密切地结合起来，从而可以有效地落实投资责任。

5. 有利于促进工程相关制度的健康发展

实行项目法人责任制，明确了由项目法人承担投资风险，因而强化了项目法人及各投资方的自我约束意识。同时，受投资责任的约束，项目法人大都会积极主动地通过招标优选工程设计单位、施工单位和监理单位，并进行严格的合同管理。经项目法人的委托和授权，由工程监理单位具体负责工程质量、造价和进度控制，并对施工单位的安全生产管理进行监督，有利于解决基本建设存在的“只有一次经验，没有二次教训”的问题，同时，还可以逐步造就一支建设工程项目管理的专业化队伍，进而不断提高我国工程建设管理水平。

二、建筑工程招标投标制度

(一)建设工程招标、投标

1. 建设工程招标与投标的基本概念

建设工程招标与投标是在市场经济条件下进行工程项目的发包与承包、材料设备的买卖以及服务项目的采购与提供时，所采用的一种交易方式。在一般情况下，项目采购方(包括工程项目发包者、材料设备购买者和服务项目采购者)作为招标方，通过发布招标公告或者向一定数量的特定承包单位、供应单位发出投标邀请等方式，提出所需采购项目的性质及数量、质量、技术和时间要求，以及对承包单位、供应单位的资格要求等招标采购条件，表明将选择最能够满足采购要求的承包单位、供应单位与之签订合同的意向，由各有意为招标方提供所需工程、货物或服务项目的承包单位、供应单位作为投标方，向招标方书面提出拟提供的工程、货物或服务的报价及其他响应招标要求的条件，参加投标竞争。经招标方组织专家对各投标者的报价及其他条件进行审查比较后，从中择优选定中标者，并与其签订合同。

招标与投标是建设工程交易过程的两个方面，招标是招标方(建设单位)在招标投标过程中的行为，投标则是投标方(承包单位、供应单位)在招投标过程中的行为。在正常的情况下，招标投标最终的行为结果是签订合同，在招标方和投标方之间产生合同关系。

2. 建设工程招标范围

根据《招标投标法》及《工程建设项目招标范围和规模标准规定》(国家计委令第3号)，下列工程项目的勘察、设计、施工、监理以及与工程建设有关的重要设备、材料等的采购，必须进行招标。

(1)大型基础设施、公用事业等关系社会公共利益、公众安全的项目。

①关系社会公共利益、公众安全的基础设施项目。

a. 煤炭、石油、天然气、电力、新能源等能源项目。

b.铁路、公路、管道、水运、航空以及其他交通运输业等交通运输项目。

c.邮政、电信枢纽、通信、信息网络等邮电通信项目。

d.防洪、灌溉、排涝、引(供)水、滩涂治理、水土保持、水利枢纽等水利项目。

e.道路、桥梁、地铁和轻轨交通、污水排放及处理、垃圾处理、地下管道和公共停车场等城市设施项目。

f.生态环境保护项目。

g.其他基础设施项目。

②关系社会公共利益、公众安全的公用事业项目。

a.供水、供电、供气和供热等市政工程项目。

b.科技、教育、文化等项目。

c.体育、旅游等项目。

d.卫生、社会福利等项目。

e.商品住宅,包括经济适用住房。

f.其他公用事业项目。

(2)全部或者部分使用国有资金投资或者国家融资的项目。

①使用国有资金投资的项目。

a.使用各级财政预算资金的项目。

b.使用纳入财政管理的各种政府性专项建设基金的项目。

c.使用国有企业事业单位自有资金,并国有资产投资者实际拥有控制权的项目。

②国家融资的项目。

a.使用国家发行债券所筹资金的项目。

b.使用国家对外借款或担保所筹资金的项目。

c.使用国家政策性贷款的项目。

d.国家授权投资主体融资的项目。

e.国家特许的融资项目。

③使用国际组织或者外国政府贷款、援助资金的项目。

a.使用世界银行、亚洲开发银行等国际组织贷款资金的项目。

b.使用外国政府及其机构贷款资金的项目。

c.使用国际组织或者外国政府援助资金的项目。

与上述工程项目有关的重要设备、材料等的采购，达到下列标准之一的，也必须进行招标：施工单项合同估算价在200万元人民币以上的；重要设备、材料等货物的采购，单项合同估算价在100万元人民币以上的；勘察、设计、监理等服务的采购，单项合同估算价在50万元人民币以上的；单项合同估算价低于第前三项规定的标准，但项目总投资额在3000万元人民币以上的。

建设工程项目的勘察、设计采用特定专利或者专有技术的，或者其建筑艺术造型有特殊要求的，经项目主管部门批准，可不进行招标。

（二）建设工程招标方式

根据《招标投标法》，建设工程招标分公开招标和邀请招标两种方式。

1.公开招标

公开招标又称"无限竞争性招标"，是指招标单位以招标公告的方式邀请非特定法人或者其他组织投标。即招标单位按照法定程序，在国内外公开出版的报刊或通过广播、电视、网络等公共媒体发布招标公告，凡是有兴趣并符合招标公告要求的承包单位、供应单位，不受地域、行业和数量的限制均可以申请投标，经过资格审查合格后，按规定时间参加投标竞争。

公开招标方式的优点是，招标单位可以在较广的范围内选择承包单位或供应单位，投标竞争激烈，择优率更高，有利于招标单位将工程项目交予可靠的承包单位或供应单位实施，并获得有竞争性的商业报价，同时，也可以在较大程度上避免招标活动中的贿标行为。但其缺点是，准备招标、对投标申请者进行资格预审和评标的工作量大，招标时间长、费用高。此外，参加竞争的投标者越多，每个参加者中标的机会越小，风险越大，损失的费用也就越多，而这种费用的损失必然反映在标价上，最终会由招标单位承担。

2.邀请招标

邀请招标也称"有限竞争性招标"，是指招标单位以投标邀请书的形式邀请特定的法人或者其他组织投标。招标单位向预先确定的若干家承包单位、供应单位发出投标邀请函，并就招标工程的内容、工作范围和实施条件等做出简要说明。被邀请单位同意参加投标后，从招标单位获取招标文件，并在规定时间内投标报价。

采用邀请招标方式时，邀请对象应当以5～10家为宜，至少不应少于3家，否则就失去竞争意义。与公开招标相比，其优点是不发招标公告，不进行资格预审，简化了招标程序，节约了招标费用，缩短了招标时间。而且，由于招标单位对投标单位以往的业绩和履约能力比较了解，从而减少了合同履行过程中承包单位、供应单位违约的风险。邀请招标虽然不履行资格预审程序，但为体现公平竞争和便于招标单位对各投标单位的综合能力进行比较，仍要求投标单位按招标文件的有关要求，在投标书中报送有关资质资料，在评标时以资格后审的形式作为评审的内容之一。

邀请招标的缺点是，由于投标竞争的激烈程度较差，有可能提高中标的合同价，也有可能排除了某些在技术上或报价上有竞争力的承包单位、供应单位参与投标。与公开招标相比，邀请招标耗时短、花费少，对于采购标的较小的招标来说，采用邀请招标比较有利。此外，有些工程项目专业性强，有资格承接的潜在投标人较少，或者需要在短时间内完成投标任务等，也不宜采用公开招标方式，而应采用邀请招标方式。

除公开招标和邀请招标外，还有一种称之为“议标”的谈判性方式，是指招标单位指定少数几家承包单位、供应单位，分别就采购范围内的有关事宜进行协商，直到与某一承包单位和供应单位达成采购协议。与公开招标和邀请招标相比，议标不具公开性和竞争性，因而不属于《招标投标法》规定的招标采购方式。从实践看，公开招标和邀请招标方式不允许对报价及技术性条款进行谈判，议标则允许对报价等进行一对一的谈判。因此，对于一些小型工程项目而言，采用议标方式目标明确、省时省力；对于服务项目而言，由于服务价格难以公开确定，服务质量也需要通过谈判解决，采用议标方式也不失为一种合理的采购方式。但采用议标方式时，易发生幕后交易。为了规范建筑市场行为，议标方式仅适用于不宜公开招标或邀请招标的特殊工程或特殊条件下的工作内容。建设单位邀请议标的单位一般不应少于两家，只有在限定条件下才能只与一家议标单位签订合同。议标通常适用的情况包括以下几种。

（1）专业性强，需要专门技术、经验或特殊施工设备的工程，以及涉及使用专利技术的工程，此时只能选择少数几家符合要求的承包单位。

（2）与已发包工程有联系的新增工程（承包单位的劳动力、机械设备都在施工现场，既可减少前期开工费用和缩短准备时间，又便于现场的协调管理工作）。

（3）性质特殊、内容复杂，发包时工程量或若干技术细节尚难确定的紧急工程或灾后修复工程。

（4）工程实施阶段采用新技术或新工艺，承包单位从设计阶段就已经参与开发工作，实施阶段还需其继续合作的工程。

三、建筑工程合同管理制度

工程建设是一个极为复杂的社会生产过程，由于现代社会化大生产和专业化分工，许多单位会参与到工程建设之中，而各类合同则是维系这些参与单位之间关系的纽带。在建设工程项目合同体系中，建设单位、施工单位是两个最主要的节点。

（一）建设单位的主要合同关系

建设单位为了实现工程项目总目标，可以通过签订合同将建设工程项目策划决策与实施过程中有关活动委托给相应的专业单位，如工程勘察设计单位、工程施工单位、材料和设备供应单位、工程咨询及项目管理单位等。

1. 工程承包合同

工程承包合同是任何一个建设工程项目所必须有的合同。建设单位采用的承发包模式不同，决定不同类别的工程承包合同。建设单位通常签订的工程承包合同主要有以下几种。

（1）BPC 承包合同是指建设单位将建设工程项目的设计、材料和设备采购、施工任务全部发包给一个承包单位。

（2）工程施工合同是指建设单位将建设工程项目的施工任务发包给

一家或者多家承包单位。根据其所包括的工作范围不同，工程施工合同又可分为以下几种：

①施工总承包合同是指建设单位将建设工程项目的施工任务全部发包给一家承包单位，包括土建工程施工和机电设备安装等。

②单项工程或者特殊专业工程承包合同是指建设单位将建设工程项目的各个单项工程（或单位工程）（如土建工程施工与机电设备安装）及专业性较强的特殊工程（如桩基础工程和管道工程等）分别发包给不同的承包单位。

2. 工程勘察设计合同

工程勘察设计合同是指建设单位与工程勘察设计单位签订的合同。

3. 材料、设备采购合同

对于建设单位负责供应的材料、设备，建设单位需要与材料、设备供应单位签订采购合同。

4. 工程咨询、监理或项目管理合同

建设单位委托相关单位进行建设工程项目可行性研究、技术咨询、造价咨询、招标代理、项目管理、工程监理等，需要与相关单位签订工程咨询、监理或项目管理合同。

5. 贷款合同

贷款合同是指建设单位与金融机构签订的合同。

6. 其他合同

如建设单位与保险公司签订的工程保险合同等。

（二）承包单位的主要合同关系

承包单位作为工程承包合同的履行者，也可以通过签订合同将工程承包合同中所确定的工程设计、施工、材料设备采购等部分任务委托给其他相关的单位来完成。

1. 工程分包合同

工程分包合同是指承包单位为将工程承包合同中某些专业工程施工交由另一承包单位（分包单位）完成而与其签订的合同。分包单位仅仅对承包单位负责，与建设单位没有合同关系。

2. 材料、设备采购合同

承包单位为获得工程所必需的材料、设备，需要与材料、设备供应单位签订采购合同。

3. 运输合同

运输合同是指承包单位为解决所采购材料、设备的运输问题而与运输单位签订的合同。

4. 加工合同

承包单位将建筑构配件、特殊构件的加工任务委托给加工单位时，需要与其签订加工合同。

5. 租赁合同

承包单位在工程施工中所使用的机具、设备等从租赁单位获得时，需与租赁单位签订租赁合同。

6. 劳务分包合同

劳务分包合同是指承包单位与劳务供应单位签订的合同。

7. 保险合同

承包单位按照法律法规及工程承包合同要求进行投保时，需与工程保险公司签订保险合同。

四、建筑工程监理制度

（一）建设工程监理概述

1. 建设工程监理的内涵

所谓建设工程监理，是指具有相应资质的工程监理单位受建设单位的委托，根据法律法规、有关工程建设标准、设计文件及合同，对工程的施工质量、造价、进度进行控制，对合同、信息进行管理，对施工单位的安全生产管理实施监督，参与协调工程建设相关方关系的专业化活动。

建设工程监理的行为主体是工程监理单位，既不同于政府建设主管部门的监督管理，也不同于总承包单位对分包单位的监督管理。工程监理的实施需要建设单位的委托和授权，只有在建设单位委托前提下，工程监理单位才能根据有关工程建设法律法规、工程建设标准、工程设计文件及合同实施监理。

建设工程监理作为我国工程建设领域的一项重要管理制度，自 1988 年开始在少数工程项目中试行，经过试点和稳步发展两个阶段后，从 1996 年开始进入全面推行阶段。工程监理制度的实行，将原来工程施工阶段的管理由建设单位和承包单位承担的体制转变为建设单位、监理单位和承包单位三家共同承担的管理体制。工程监理单位作为市场主体之一，对于规范建筑市场的交易行为、充分发挥投资效益，具有不可替代的重要作用。

2. 建设工程监理的性质

建设工程监理的性质可以概括为服务性、科学性、独立性和公平性四个方面。

(1)服务性

工程监理单位既不直接进行工程设计，也不直接进行工程施工；既不向建设单位承包工程造价，也不参与施工单位的利益分成。在工程建设中，监理人员利用自己的知识、技能和经验、信息以及必要的试验、检测手段，为建设单位提供管理和技术服务。

工程监理单位的服务对象是建设单位，既不能完全取代建设单位的管理活动，也不具有工程建设重大问题的决策权，只能在建设单位授权的范围内采用规划、控制、协调等方法，控制工程施工的质量、造价和进度，协助建设单位在计划目标内完成工程建设任务。

(2)科学性

工程监理单位以协助建设单位实现其投资目的为己任，力求在计划目标内建成工程。面对工程规模日趋庞大，环境日益复杂，功能和标准要求越来越高，新技术、新工艺、新材料、新设备不断涌现，参与工程建设的单位越来越多，工程风险日渐增加的形势，工程监理单位只有采用科学的思想、理论、方法和手段，才能驾驭工程建设为体现建设工程监理的科学性，工程监理单位应当由组织管理能力强、工程建设经验丰富的人员担任领导；应当有足够数量的、有丰富的管理经验和应变能力的监理工程师组成的骨干队伍；要有一套健全的管理制度；要掌握先进的管理理论、方法和手段；要积累足够的技术、经济资料和数据；要有科学的工作态度和严谨的工作作风，能够创造性地开展工作。

(3)独立性

《中华人民共和国建筑法》明确指出，工程监理单位应当根据建设单位的委托，客观、公正地执行监理任务。尽管工程监理单位是在建设单位委托授权的前提下实施监理，但其与建设单位之间的关系是基于建设工程监理合同而建立的，也不能与施工单位、材料设备供应单位有隶属关系和其他利害关系。

工程监理单位应当严格按照有关法律法规、工程建设文件、工程建设标准、建设工程监理合同及其他建设工程合同等实施监理，在实施工程监理过程中，必须建立自己的组织，按照自己的工作计划、程序、流程、方法以及手段，根据自己的判断，独立地开展工作。

(4)公平性

公平性是社会公认的职业道德准则，同时也是工程监理行业能够长期生存和发展的基石。在实施工程监理过程中，工程监理单位应当排除各种干扰，客观、公平地对待建设单位和施工单位。特别是当建设单位与施工单位发生利益冲突或者矛盾时，工程监理单位应当以事实为依据，以法律和有关合同为准；在维护建设单位合法权益的同时，不能损害施工单位的合法权益。例如，在调解建设单位与承包单位之间的争议处理费用索赔和工程延期、进行工程款支付控制以及竣工结算时，应尽量客观、公平地对待建设单位和施工单位。

(二)建设工程监理的范围与任务

1.建设工程监理的范围

根据《建设工程质量管理条例》及《建设工程监理范围和规模标准规定》(建设部〔2001〕第86号部长令)，下列建设工程必须实行监理。

(1)国家重点建设工程

国家重点建设工程是指依据《国家重点建设项目管理办法》所确定的对国民经济和社会发展有重大影响的骨干项目。

(2)大中型公用事业工程

大中型公用事业工程是指项目总投资额在3000万元以上的下列工程项目：供水、供电、供气和供热等市政工程项目；科技、教育、文化等项目;体育、旅游、商业等项目;卫生、社会福利等项目;其他公用事业项目。

(3)成片开发建设的住宅小区工程

成片开发建设的住宅小区工程,建筑面积在 5 万 m^2 以上的住宅建设工程必须实行监理;5 万 m^2 以下的住宅建设工程,可实行监理,具体范围和规模标准,由省、自治区、直辖市人民政府建设主管部门规定。为了保证住宅质量,对高层住宅及地基、结构复杂的多层住宅应当实行监理。

(4)利用外国政府或者国际组织贷款、援助资金的工程

包括使用世界银行、亚洲开发银行等国际组织贷款资金的项目;使用国外政府及其机构贷款资金的项目;使用国际组织或国外政府援助资金的项目。

(5)国家规定必须实行监理的其他工程

国家规定必须实行监理的其他工程是指学校、影剧院、体育场馆项目和项目总投资额在 3000 万元以上关系社会公共利益、公众安全的下列基础设施项目:煤炭、石油、化工、天然气、电力、新能源等项目;铁路、公路、管道、水运、民航以及其他交通运输业等项目;邮政、电信枢纽、通信、信息网络等项目:防洪、灌溉、排涝、发电、引(供)水、滩涂治理、水资源保护、水土保持等水利建设项目;道路、桥梁、地铁和轻轨交通、污水排放及处理、垃圾处理、地下管道、公共停车场等城市基础设施项目;生态环境保护项目;其他基础设施项目。

2.建设工程监理的中心任务

建设工程监理的中心任务就是控制建设工程项目目标,也就是控制经过科学规划所确定的建设工程项目质量、造价和进度目标。建设工程项目的三大目标是相互关联、互相制约的目标系统,不能将三大目标割裂后进行控制。

需说明的是,建设工程监理要达到的目的是“力求”实现项目目标。工程监理单位和监理工程师“将不是,也不能成为任何承包单位的工程承保人或保证人”。在市场经济条件下,工程勘察、设计、施工及材料设备供应单位作为建筑产品或服务的卖方,应当根据合同按规定的质量、费用和时间要求完成约定的工程勘察、设计、施工及材料设备供应任务。工程监理单位作为建设单位委托的专业化单位,没有义务替工程项目其他参建

各方承担责任。谁设计、谁负责，谁施工、谁负责，谁供应材料及设备，谁负责。当然，如果工程监理单位、监理工程师没有履行法律法规及建设工程监理合同中规定的监理职责和义务，将会承担相应的监理责任。

此外，工程监理单位还要承担建设工程安全生产管理、建筑节能乃至环保等方面的社会责任，这在《建设工程安全生产管理条例》《民用建筑节能条例》及工程建设强制性标准中均有明确规定或者体现。

第二章 建筑工程项目资源管理

第一节 建筑工程项目资源管理概述

一、项目资源管理

(一)项目资源概念

项目资源即对项目实施中使用的人力资源、材料、机械设备、技术、资金和基础设施等的总称。资源是人们创造出产品(即形成生产力)所需要的各种要素,也被称为生产要素。

项目资源管理的目的是在保证施工质量和工期的前提下,通过合理配置与调控,充分利用有限资源,节约使用资源,降低工程成本。

(二)项目资源管理概念

项目资源管理是对项目所需的各种资源进行的计划、组织、指挥、协调和控制等系统活动,项目资源管理的复杂性主要表现为如下几项。

第一,工程实施所需资源的种类多、需求量大。

第二,建设过程对资源的消耗极不均衡。

第三,资源供应受外界影响很大,具有一定的复杂性和不确定性,且资源经常需要在多个项目间进行调配。

第四,资源对项目成本的影响最大。加强项目管理,必须对投入项目的资源进行市场调查与研究,做到合理配置,并且在生产中强化管理,以尽量少的消耗获得产出,达到节约劳动和减少支出的目的。

(三)项目资源管理的主要原则

在项目施工过程中,对资源的管理应该着重坚持以下四项原则。

1. 编制管理计划的原则

编制项目资源管理计划的目的是对效法投入量、投入时间与投入步骤做出一个合理的安排，以满足施工项目实施的需要，对施工过程中所涉及的资源，都必须按照施工准备计划、施工进度总计划和主要分项进度计划，根据工程的工作量，编制出详尽的需用计划表。

2. 资源供应的原则

按照编制的各种资源计划，进行优化组合，并实施到项目中去，保证项目施工的需要。

3. 节约使用的原则

这是资源管理中最为重要的一环，它的根本意义在于节约活劳动及物化劳动，根据每种资源的特性，制定出科学的措施，进行动态配置和组合，不断地纠正偏差，以尽可能少的资源，满足项目的使用。

4. 使用核算的原则

进行资源投入、使用与产生的核算，是资源管理的一个重要环节，完成了这个程序，便可以使管理者心中有数。通过对资源使用效果的分析，一方面是对管理效果的总结，另一方面又为管理提供储备与反馈信息，以指导以后的管理工作。

(四)项目资源管理的过程和程序

1. 项目资源管理的过程

项目资源管理的全过程应包括资源的计划、配置、控制与处置。

2. 项目资源管理应遵循的程序

(1)按合同或根据施工生产要求，编制资源配置计划，确定投入资源的数量与时间。

(2)根据资源配置计划，做好各种资源的供应工作。

(3)根据各种资源的特性，采取科学的措施，进行有效组合，合理投入，动态管理。

(4)对资源的投入和使用情况进行定期分析，找出问题，总结经验持续改进。

3. 项目资源管理需注意的方面

(1)要将资源优化配置,适时、适量、按比例配置资源投入生产,满足需求。

(2)投入项目的各种资源在施工项目中搭配适当、协调,能够充分发挥作用,更加有效地形成生产力。

(3)在整个项目运行过程中,对资源进行动态管理,以适应项目建设需要,并合理规避风险。项目实施是一个变化的过程,对资源的需求也在不断发生变化,须适时调整,有效地计划组织各种资源,合理流动,在动态中求得平衡。

(4)在项目实施中,应建立节约机制,有利于节约使用资源。

(五)资源配置与资源均衡

在资源配置时,必须考虑如何进行资源配置及资源分配是否均衡。在项目资源十分有限的情况下,合理的资源配置和实现资源均衡是提高项目资源配置管理能力的有效途径。

1. 资源配置

资源配置是将项目资源根据项目活动及进度需求,把资源分配到项目的各项活动中去,以保证项目按计划执行。有限资源的合理分配也被称为约束型资源的均衡。在编制约束型资源计划时,必须考虑其他项目对于可共享类资源的竞争需求。在进行型号项目资源分配时,必须考虑所需资源的范围、种类、数量及特点。

资源配置方法属于系统工程技术的范畴。项目资源的配置结果,不但应保证项目各子任务得到合适的资源,也要力求达到项目资源使用均衡。此外,还应保证让项目的所有活动都可及时获得所需资源,使项目的资源能够被充分利用,力求使项目的资源消耗总量最少。

2. 资源均衡

资源均衡是一种特殊的资源配置问题,是对资源配置结果进行优化的有效手段。资源均衡的目的是努力将项目资源消耗控制在可接受的范围内。在进行资源均衡时,必须考虑资源的类型及其效用,以确保资源均衡有效性。

二、项目资源管理计划

项目资源是工程项目实施的基本要素，项目资源管理计划是对工程项目资源管理的规划或安排，一般涉及决定选用什么样的资源，把多少资源用于项目的每一项工作的执行过程中（即资源的分配）．以及将项目实施所需要的资源按争取的时间、正确地数量供应到正确地地点，并尽可能地降低资源成本的消耗，如采购费用、仓库保管费用等。

（一）项目资源管理计划的基本要求

第一，资源管理计划应包括建立资源管理制度，编制资源使用计划、供应计划和处置计划；规定控制程序和责任体系。

第二，资源管理计划应与依据资源供应、现场条件和项目管理实施规划编制。

第三，资源管理计划必须纳入进度管理中。由于资源作为网络的限制条件，在安排逻辑关系和各工程活动时就要考虑到资源的限制和资源的供应过程对工期的影响。通常在工期计划前，人们已假设可用资源的投入量。因此，如果网络编制时不顾及资源供应条件的限制，则网络计划是不可执行的。

第四，资源管理计划必须纳入项目成本管理中，以作为降低成本的重要措施。

第五，在制定实施方案以及技术管理和质量控制中必须包括资源管理的内容。

（二）项目资源管理计划的内容

1．资源管理制度

资源管理制度包括人力资源管理制度、材料管理制度、技术管理制度、资金管理制度。

2．资源使用计划

资源使用计划包括人力资源使用计划、技术计划、资金使用计划。

3. 资源供应计划

资源供应计划包括人力资源供应计划、资金供应计划。

4. 资源处置计划

资源处置计划包括人力资源处置计划、技术处置计划、资金处置计划。

(三)项目资源管理计划编制的依据

1. 项目目标分析

通过对项目目标的分析,把项目的总体目标分解为各个具体的子目标,便于了解项目所需资源的总体情况。

2. 工作分解结构

工作分解结构确定了完成项目目标所必须进行的各项具体活动,根据工作分解结构的结果可以估算出完成各项活动所需资源的数量、质量和具体要求等信息。

3. 项目进度计划

项目进度计划提供了项目的各项活动何时需要相应的资源以及占用这些资源的时间,据此,可以合理地配置项目所需的资源。

4. 制约因素

在进行资源计划时,应当充分考虑各类制约因素,如项目的组织结构、资源供应条件等。

5. 历史资料

资源计划可以借鉴类似项目的成功经验,便于项目资源计划的顺利完成,既可节约时间又可降低风险。

(四)项目资源管理计划编制的过程

项目资源管理计划是施工组织设计的一项重要内容,应该纳入工程项目的整体计划和组织系统中。通常,项目资源计划应包括如下过程。

1. 确定资源的种类、质量和用量

根据工程技术设计和施工方案,初步确定资源的种类、质量和需用量,然后再逐步汇总,最终得到整个项目各种资源的总用量表。

2.调查市场上资源的供应情况

在确定资源的种类、质量和用量后，即可着手调查市场上这些资源的供应情况。其调查内容主要包括各种资源的单价，据此进而确定各种资源所需的费用；调查如何得到这些资源，从何处得到这些资源，这些资源供应商的供应能力怎样、供应的质量如何、供应的稳定性及其可能的变化；对于各种资源供应状况进行对比分析等。

3.资源的使用情况

主要是确定各种资源使用的约束条件，包括总量限制、单位时间用量限制、供应条件和过程的限制等。对于某些外国进 1∶3 的材料或设备，在使用时还应考虑资源的安全性、可用性、对周围环境的影响、国家的法规和政策以及国际关系等因素。

在安排网络时，不仅要在网络分析和优化时加以考虑，在具体安排时更需注意，这些约束性条件多是由项目的环境条件或企业的资源总量和资源的分配政策决定的。

4.确定资源使用计划

通常是在进度计划的基础上确定资源的使用计划的，即确定资源投入量一时间关系直方图(表)，确定各资源的使用时间和地点。在做此计划时，可假设它在活动时间上平均分配，从而得到单位时间的投入量(强度)。进度计划的制订和资源计划的制订往往需要结合在一起共同考虑。

5.确定具体资源供应方案

在编制的资源计划中，应明确各种资源的供应方案、供应环节及具体时间安排等，如人力资源的招雇、培训、调遣、解聘计划，材料的采购、运输、仓储、生产、加工计划等。如把这些供应活动组成供应网络，应和工期网络计划相互对应，协调一致。

6.确定后勤保障体系

在资源计划中，应根据资源使用计划确定项目的后勤保障体系，比如确定施工现场的水电管网的位置及其布置情况，确定材料仓储位置、项目办公室、职工宿舍、工棚、运输汽车的数量及平面布置等。这些虽不能直接作用于生产,但对项目的施工具有不可忽视的作用,在资源计划中必须予以考虑。

第二节 建筑工程项目资源管理内容

一、生产要素管理

(一)生产要素概念

生产要素是指形成生产力的各种要素,主要包括人、机器、材料、资金与管理。对建筑工程来说,生产要素是指生产力作用于工程项目的有关要素,也可以说是投入工程要素中的诸多要素。因为建筑产品的一次性、固定性、建设周期长、技术含量高等特殊的特性,可以将建筑工程项目生产要素归纳为人、材料、机械设备、技术等方面。

(二)建筑工程项目生产要素管理概述

生产要素管理就是对诸要素的配置和使用所进行的管理,其根本目的是为节约劳动成本。

1.建筑工程项目生产要素管理的意义

(1)进行生产要素优化配置,即适时、适量、比例恰当、位置适宜地配备或投入生产要素;以满足施工需要。

(2)进行生产要素的优化组合,即投入工程项目的各种生产要素在施工过程中搭配适当,协调地在项目中发挥作用,有效地形成生产力,适时、合格地完成建筑工程。

(3)在工程项目运转过程中,对生产要素进行动态管理。项目的实施过程是一个不断变化的过程,对生产要素的需求在不断变化,平衡是相对的,不平衡是绝对的。因此生产要素的配置和组合也需要不断进行调整,就需要动态管理。动态管理目的和前提是优化配置与组合,动态管理是优化配置和组合的手段与保证。动态管理的基本内容就是按照项目的内在规律,有效地计划、组织、协调、控制各生产要素,使之在项目中合理流动，在动态中寻求平衡。

(4)在工程项目运行当中，合理地、节约地使用资源，以取得节约资源（资金、材料、设备、劳动力）的目的。

2. 建筑工程项目生产要素管理的内容

生产要素管理的主要内容包括生产要素的优化配置、生产要素的优化组合、生产要素的动态管理三个方面。

(1)生产要素的优化配置。生产要素的优化配置，就是按照优化的原则安排生产要素，按照项目所必需的生产要素配置要求，科学而合理地投入人力、物力、财力，使之在一定资源条件下实现最佳的社会效益与经济效益。

具体来说，对建筑工程项目生产要素的优化配置主要包括对人力资源（即劳动力）的优化配置、对材料的优化配置、对资金的优化配置和对技术的优化配置等几个方面。

(2)生产要素的优化组合。生产要素的优化组合是生产力发展的标志，随着科学技术的进步，现代管理方法和手段的运用，生产要素优化组合将对提高施工企业管理集约化程度起推动作用。

此内容一是指生产要素的自身优化，即各种要素的素质提高的过程。二是指优化基础上的结合，各要素有机结合发挥各自优势。

(3)生产要素的动态管理。生产要素的动态管理是指依据项目本身的动态过程而产生的项目施工组织方式。项目动态管理以施工项目为基点来优化和管理企业的人、财、物，以动态的组织形式和一系列动态的控制方法来实现企业生产诸要素按项目要求的最佳组合。

（三）生产要素管理的方法和工具

1. 生产要素优化配置方法

不同的生产要素，其优化配置方法各不相同，可根据生产要素特点确定。常用的方法有网络优化方法、优选方法、界限使用时间法、单位工程量成本法、等值成本法及技术经济比较法。

2.生产要素动态管理方法

动态管理的常用方法有动态平衡法、日常调度、核算、生产要素管理评价、现场管理与监督、存储理论和价值工程等。

二、人力资源管理

（一）建筑工程项目人力资源管理概述

1.人力资源管理含义

人力资源管理这一概念主要是指通过掌握的科学管理办法，来对一定范围内的人力资源进行必要的培训，进行科学的组织，以便达到人力资源与物力资源充分利用。在人力资源管理工作中，较为重要的一点就是对工作人员的思想情况、心理特征以及实际行为进行有效的引导，以便充分激发工作人员的积极性，让工作人员能够在自己的岗位上发光发热，适应企业的发展脚步。

2.人力资源管理在建筑工程项目管理中的重要性

人力资源管理工作作为企业管理工作中的重要组成部分，其工作质量会对企业的长远发展产生极为重要的影响。然而对于建筑企业来说也是如此，这是由于在建筑工程项目管理中充分发挥人力资源管理工作的效用，就能够帮助企业累计人才，并将人才转化为企业的核心竞争力，通过优化配置人力资源来推动建筑企业的可持续发展。

（二）建筑工程项目人力资源管理优化

1.管理者观念的转变

建筑工程企业应重视对先进管理理念的学习与应用，为提高自身人力资源管理水平奠定理论基础。这就需要企业的人力资源管理者能够重视对自身专业水平的提升，积极学习新的管理理念，并且充分利用互联网信息技术等来进行人力资源管理能力的自我锻炼，为提高建筑工程项目人力资源管理水平奠定基础。

2.健全管理人才培养模式

健全管理人才培养模式，要从提高管理团队的综合素质与专业水平出发,通过这些方面来实现对人力资源管理工作质量的提升。这是由于工作人员是建筑企业开展人力资源管理工作的主体,其素质状况直接影响了人力资源管理工作效果的发挥。

3.建立完善的激励机制

建筑企业要重视对激励机制的建立与完善,以便能够充分调动工作人员的积极性。要将工作人员的工作绩效与薪资水平挂钩,以激发工作人员的主观能动性。同时,还应对工作态度认真且有突出表现的工作人员给予口头表扬等精神层面的鼓励,进而在企业内部形成一种积极向上、不断提升自己能力的工作氛围。此外,企业还应将工作人员平时的绩效考核情况与其岗位升迁等进行紧密联系,并重视对人才晋升机制的完善与优化,引导工作人员实现自主提升,并逐渐推动企业健康发展。

三、建筑材料管理

(一)材料供应管理

一般而言,当前材料选择通常指的是在建筑相关工程立项后通过相关施工单位展开自主采购,并且在实际采购过程中,在严格遵循相关条例的规定的同时,还要满足设计中的材料说明要求。对材料供应商应该具有正规合法的采购合同,而对防水材料、水电材料、装饰材料、保温材料、砌筑材料、碎石、沙子、钢筋、水泥等采取材料备案证明管理,同时实施材料进厂记录。

1.供应商的选择

供应商的选择是材料供应管理的第一步,在对建筑材料市场上诸多供应商进行选择时,应该注意以下几个方面:首先,采购员应该对各供应商的材料进行比较,认真核查材料的生产厂家,仔细审核供应商的资质,所有的建筑材料必须符合国家标准;其次,在对采购合同进行签订前,还应该验证现场建筑材料的检测报告、进出厂合格证明文件以及复试报告等;最后,与供应商所直接签订的合同需要在法律保障下才可以发挥其行之有效的作用。

2. 制订采购计划文件

当前在确定好供应商之后，就要开始编制相应的计划文件，这就需要相关的采购员严格依据施工进度方案、施工内容以及设计内容对具体的采购计划通过比较细致的研究从而制定出完善的采购方案。并且，采购员必须对其质量进行科学化的检测，进而确保材料其本身所具备的功能可以达到施工要求，更加有效地进行成本把控。

3. 材料价格控制

建筑工程相应项目中所涉及的材料种类比较，有时需要同时与多家材料供应商合作。因此，在建筑材料采购过程中，采购员应该对所采购的材料完成相应的市场调查工作，多走访几家，对实际的价格做好管控工作。最终购买的材料在保证满足设计和施工要求的同时，尽可能地使价格降到最低，综合材料实际的运费，在最大限度上减少成本投入，进而达到材料资料等方面的有效控制。

4. 进厂检验管理

在建筑材料购买之后，要严格进行材料进场验收，由监理单位和施工企业对进场材料进行检验，对材料的证明文件、检测报告、复试报告以及出厂合格证进行审核。同时，委托具有相应资质的检测单位对进厂材料按批次取样检验，并做好备案书。检验结果不合格的材料坚决不能进厂使用，只有检验结果合格的材料才可进行使用。

（二）施工材料管理

1. 材料的存放

建设单位要有专人负责掌管材料，将材料分好类别，以免材料之间发生化学反应，影响建筑材料的使用，同时，还要对材料的入库和出库时间、合作的生产厂家、材料之间的报告等做好登记，在项目部门领取材料进行施工时，项目施工人员须凭小票领取材料，并签字，这样有利于施工后期建筑材料的回收再利用。

在建筑施工接近尾声之际，建设单位的工作人员应该将实际应用的建筑材料和计划用量进行比较，将使用的建筑材料数据记录下来，将剩余的建筑材料回收再利用，将建筑现场清理好，以免造成建筑材料的浪费，同时还要把剩余的材料做好分类管理，减少施工材料的成本。

2. 材料的使用

在建筑材料的使用过程中，要根据建筑材料的实际用量和计划用量做好建筑材料的使用；避免运输的材料超过计划上限，要严格控制材料的使用情况，做到不过多的损耗、浪费。总之，在施工阶段的建筑材料管理工作中，要合理安排材料的进库和验收工作，同时，还要掌握好施工进程，从而保证施工需要，管理人员要时常对建筑材料进行检查和记录，以防止材料的损失。

3. 材料的维护

工程施工中的一些周转材料，应当按照其规格、型号摆放，并在上次使用后，及时除锈、上油，对于不能继续使用的，应当及时更换。

4. 工程收尾材料管理

做好工程的收尾工作，将主要力量、精力放在新施工项目的转移方面，在工程接近收尾时，材料往往已经使用超过 70%，需要认真检查现场的存料，估计未完工程实际用料量，在平衡基础上，调整原有的材料计划，消减多余，补充不足，以防止出现剩料情况，从而为清理场地创造优良条件。

四、机械设备管理

（一）建筑机械设备管理与维护的重要性

1. 提高生产效率

建筑机械是建筑生产必不可少的工具，其也是建筑企业投入最多的方面。随着科学技术的日新月异，机械现代化是建筑现代化的标志。机械设备不断更新要求建筑企业要不断更新技术知识，不断适应新环境的要求。机械设备可极大提高生产效率，降低生产成本，从而使建筑企业具有更高的竞争力，于激烈的市场中赢得先机。

2.在建筑中发挥重要作用

机械设备现代化是建筑现代化的基本条件,越先进的机械设备越能发挥整体效能,越能提高建筑生产质量,不断更新机械设备是建筑企业提高核心竞争力的关键。因此,适当地对建筑机械设备进行管理与维护,对建筑工程项目的建设具有很重要的意义。

(二)建筑机械设备维修与管理措施

1.设立专职部门

施工单位应该对建筑机械设备维修与管理足够的重视,首先,可设立一个专门的部门负责机械管理维修,部门中各个成员的职责必须明确规定,一旦出现问题,要立即追责,当然如有维修与管理人员表现良好,也要给予一定的奖励;其次,施工单位应该完善建筑机械管理与维修档案制度,同时做好统计工作,以便能够对机械设备进行统一的管理;最后,工程实践中,施工人员必须安排足够的人员来负责建筑机械设备管理,做到定人、定岗、定机,用保证每个机械设备都能够检查到位,作业时不会出现任何故障。

2.增强防范意识

施正人员应该意识到机械设备的维修与管理也是自己分内的工作,尤其是专门负责这项工作的施工人员。平时要不断加强自身素质,避免维修管理不当的行为出现。另外,机械设备操作人员在操作过程中,要爱惜机械设备,进行合理操作,作业技术之后,应对机械设备进行检查,这既能够保证机械设备性能始终处于优良状态,也能够保证操作人员的自身安全。此外,待到工程竣工之后,施工人员一定要先对机械设备进行全面检查,再将机械设备调到其他工程场地中,以免影响其他工程进度。

3.做好建筑机械设备的日常保养

建筑机械设备既需要定期保养,也需要做好日常保养,这样才能够最大限度地保证机械设备始终保持良好状态。首先,有关部门要依据现实情况,制定科学合理的保养制度,编写保养说明书,并且依据机械设备种类来制定不同的保养措施;以便机械设备保养更具合理性、针对性;其次,机械设备维修与管理人员与机械设备的操作人员要进行时常沟通，要求操作人员必须依据保养制度中要求进行操作，如果是新型的机械设备，维修与管理人员还需要将操作要点告知操作人员，并且操作人员误操作，损坏机械设备；最后，建立激励制度，将建筑机械设备的技术情况、安全运行、消耗费用和维护保养等纳入奖惩制度中，以调动建筑机械设备管理人员与操作人员的工作积极性。组织开展一些建筑机械设备检查评比的活动，来推动机械设备的管理部门的工作。

五、项目技术管理

（一）项目技术管理的重要性

技术管理研究源于 20 世纪 80 年代初，技术管理作为专有词汇也是在该时期出现的。技术管理是一门边缘科学，比技术有更广一层的含义，即使技术贯穿整个组织体系，使过去仅表现在车间及设备等方面的技术也可以应用到财务、市场份额和其他事务中，将技术的竞争优势因素转为可靠的竞争能力，搞好技术管理是企业家或者经营者的职责。

各工程项目均为典型项目，在实际工程项目管理中存在技术管理部门和人员。同时，可在很多与工程项目管理相关的期刊、文章中找到关于项目技术管理重要性的论述。技术管理在施工项目管理中是施工项目管理实施成本控制的重要手段，是施工项目质量管理的根本保证措施，是施工项目管理进度控制的有效途径。

（二）项目技术管理的作用

分析项目技术管理的作用，离不开项目目标实现，技术管理的作用包括保证、服务及纠偏作用。利用科学手段方法，制定合理可行的技术路线，起到项目目标实现保证作用；以项目目标为技术管理目标，其所有工作内容均围绕目标并服务于目标在项目实施过程中；依靠检测手段，出现偏差时要通过技术措施纠正偏差。

技术管理在项目中的作用大小会因项目不同而不同，其以科学手段，提供保证项目各项目标实现的方法，为其他管理无法替代的。

（三）建筑工程项目技术管理内容

1.技术准备阶段的内容

为保证正式施工的进行，在前期的准备工作中，不仅要保证施工中需要的图纸等资料的完善无误，还需对施工方案进行反复确认。准备工作的强调，能有效降低图纸中存在的质量隐患。在对施工方案最终确定之前，应由项目经理以及技术管理的相关负责人对其进行审核，并让设计方案保留一定的调整空间，以便在实际施工中遇到有出入的地方可及时进行协调。在对施工相关资料进行审核中，各个负责人应对关键部分或有争议的部分进行反复讨论，最终确定最为科学的施工方案。同时，在技术准备阶段，确定施工需要的相关设备与材料等，能为接下来的施工节约一定的材料选择时间，保证施工能顺利完成。

2.施工阶段的内容

施工阶段的技术管理内容更加复杂，需调整的空间也较大。在施工期间，工程变更与洽谈、技术问题的解决、材料选择以及规范的贯穿等事项都需要技术管理的参与。具体来讲，技术管理主要对施工工程中的施工技术与施工工艺等进行管理与监督。但是，施工工程是一个整体，技术管理也会涉及其他方面的内容。同时，也只有加强各个方面管理内容的协调与沟通，促使整个施工项目均衡发展，才能使其顺利完工。另外，技术管理还包括对施工工艺的开发与创新，有效解决施工过程中遇到的技术难题，并积极运用新的施工技术与理念，促进施工工艺的现代化及其不断进步。

3.贯穿整个施工工程

技术管理是企业在施工工程中所进行的一系列技术组织与控制内容的总称。技术管理是贯穿整个施工工程的全过程，所以其在施工管理中起着重要的影响作用。技术管理涉及施工方案的制定、施工材料的确定、施工工艺以及现场安全等事项的分配，对整个施工工程的顺利进行有着直接影响。众所周知，一个施工项目包含的内容比较多，涉及的事项也比较复杂。因此，在具体的施工过程中，技术管理包含的事项以及内容也比较多。技术管理的进行，应与施工管理与安全管理等内容同样重要，只有各个方面的管理能够均衡，才能促使施工工程的质量得到保证并顺利完成。

第三节　建筑工程项目资源管理优化

一、项目资源管理的优化

工程项目施工需要大量劳动力、材料、设备、资金和技术，其费用一般占工程总费用的80%以上。因此，项目资源的优化管理在整个项目的经营管理中，尤其是成本的控制中占有重要的地位。资源管理优化时应遵循以下原则：资源耗用总量最少、资源使用结构合理、资源在施工中均衡投入。

项目资源管理贯穿工程项目施工的整个过程，主要体现在施工实施阶段。承包商在施工方案的制定中要依据工程施工实际需要采购和储存材料，配置劳动力和机械设备，将项目所需的资源按时按需、保质保量地供应到施工地点，并合理减少项目资源的消耗，降低成本。

（一）利用工序编组优化调整资源均衡计划

大型工程项目中需要的资源种类繁多，数量巨大，资源供应的制约因素多，资源需求也不平衡。因此，资源计划必须包括对所有资源的采购、保管和使用过程建立完备的控制程序和责任体系，确定劳动力、材料和机械设备的供应和使用计划。

资源计划对施工方案的进度、成本指标的实现有重要的作用。施工技术方案决定了资源在某一时间段的需求量，然而作为施工总体网络计划中限制条件的资源，对于工程施工的进度有着重要的影响，同时，均衡项目资源的使用，合理的降低资源的消耗也有助于施工方案成本指标的优化。

1. 单资源的均衡优化

对于单项资源的均衡优化，建筑企业可以利用削峰法进行局部的调整，但对于大型工程项目整体资源的均衡，应采用“方差法”进行均衡优化。“方差法”的原理是通过逐个地对非关键线路上的某一工序的开始和完成时间进行调整，然后在这些调整所产生的许多工序优化组合中找出资源需求量最小的那个组合。然而，对于大型工程项目而言，网络计划中非关键线路上工序的数量很多，资源需求情况也很复杂，调整所产生的工序优化组合会非常的多，往往使优化工作变得耗时或不可行，达不到最佳的优化效果。

实际工程当中，可以通过将初始总时差相等且工序之间没有时间间隔的一组非关键线路上的工序并为一个工序链，减少非关键线路上工序的数量，降低工序优化的组合。

2. 多资源的均衡优化

对于施工中的多资源均衡优化，可以利用模糊数学方法，综合资源在各种状况下的相对重要程度并排序，确定优化调整的顺序，然后再对资源进行优化调整。资源的优越性排序后，利用方差法对每一种资源计划进行优化调整。资源调整有冲突时，应根据资源的优越性排序确定调整的优先等级。

（二）推进组织管理中的团队建设与伙伴合作

项目组织作为一种组织资源，对于建筑企业在施工中节约项目管理费用有着重要的作用。建筑企业应在大型工程项目的施工与管理中加强项目管理机构的团队建设，与项目参与各方建立合作伙伴关系。

1. 承包商项目管理团队建设

项目管理团队建设可以提高管理人员的参与度和积极性，增强工作的归属感和满意度，形成团队的共同承诺和目标，改善成员的交流与沟通，进而提升工作效率。项目管理团队建设还可以有效的防范承包商管理的内部风险，节约管理成本。

建筑企业将项目管理团队建设统一在工程项目人力资源管理中。通过制定规范化的组织结构图和工作岗位说明书，建立绩效管理和激励评价机制，来拓展团队成员的工作技能，使团队管理运行流畅，实现团队共同目标。

2. 与项目各方建立合作伙伴关系

大型工程项目需要不同组织的众多人员共同参与，项目的成功取决于项目参与各方的密切合作。各方的关系不应仅仅是用合同语言表述的冷冰冰的工作关系，更需要建立各方更加紧密和高效的合作伙伴关系。

在工程项目的建设中，工程的庞大规模和施工的复杂性决定了项目参与各方建立合作伙伴关系的必要性。建筑企业应在项目施工管理方案中增加与业主、设计院和监理工程师等其他各方建立伙伴合作的内容，以期顺利成功地完成工程项目的施工。合作伙伴关系对于项目管理的主要目标—进度、质量、安全和成本管理的影响是明显的。成功的伙伴合作关系不仅能缩短项目工期，降低项目成本，提高工程质量，而且能让项目运行更加安全。

3. 优化材料采购和库存管理

材料的采购与库存管理是建筑工程项目资源管理的重要内容。材料采购管理的任务是保证工程施工所需材料的正常供应，在材料性能满足要求的前提下，控制、减少所有与采购相关的成本，包括直接采购成本（材料价格）和间接采购成本（材料运输、储存等费用），建立可靠、优秀的供应配套体系，努力减少浪费。

大型工程项目材料品种、数量多、体积庞大，规格型号复杂。而且施工多为露天作业，易受时间、天气和季节的影响，材料的季节性消耗和阶段性消耗问题突出。同时，施工过程中的许多不确定性因素，如设计变更、业主对施工要求的调整等也会导致材料需求的变更。采购人员在材料采购时，不仅要保证材料的及时供应，还要考虑市场价格波动对于整个工程成本的影响。

二、建筑工程项目资源优化

（一）建筑工程项目中资源优化的必要性与可行性

当前我国社会化大生产使资源优化的矛盾日益凸显，土地供给紧张，主要原材料纷纷告缺，资源的利用和保护再次成为关注的焦点。建筑工程的建设是一个资源高消耗工程，不但需要消耗大量的钢材、水泥等建筑资源，还要占用土地、植被等自然资源。建筑工程项目可以从全局上来分配资源，平衡各个项目的需求，达成整体工程项目的目标。

(二)资源优化的程序和方法

可以将建筑资源优化过程划分为更新策划与资源评价、方案设计与施工设计、工程实施三个阶段来进行。

建筑资源评价是在建筑资源调查的基础上，从合理开发利用和保护建筑资源及取得最大的社会、经济、环境效益的角度出发，选择某些因素，运用科学方法，对一定区域内建筑资源本身的规模、质量、分级及开发前景和施工开发条件进行综合分析和评判鉴定的过程。

资源评价和更新策划的工作是最为重要的环节，这也是现阶段旧建筑资源优化工作的瓶颈所在。从工作内容上来讲，资源评价与概念策划是建筑师职能的拓展，将建筑师的研究领域从传统的仅注重空间尺度、比例、造型，拓展到了对人、社会、环境生态、经济等方面。

通过资源利用的可靠性评价环节可以与规划相互沟通，将可利用资源通过定性与定量的方式表现出来，并通过文字将更新思想程序化、逻辑化表达给投资商、政策管理机构，最后将策划成果直接用于改造设计。在工作中始终保持连续性将有力地保证更新在持续合理状态中进行。如建筑设计中，在标准阶段进行优化，要有精细化的设计，要根据每个建筑的不同特性去做精细化的设计，所以一定要强调“优生优育”。选择钢筋时，细而密的钢筋一般会同时具有经济和安全的双重优点：比如，细钢筋用作板和梁的纵筋时，锚固长度可以缩短，裂缝宽度一定会减小；用作箍筋时，弯钩可以缩短，安全度又不会降低。追求性价比的概念不是说性价比最高的那个方案就是开发商应该要的，而是最适合的才是应该被选择被采纳的。

(三)建筑工程项目资源优化的意义

资源是一个工程项目实施的最主要的要素，是支撑整个项目的物质保障，是工程实施必不可少的前提条件。真正做到资源优化管理，将项目实施所需的资源按正确的时间、正确的数量供应到正确的地点，可以降低资源成本消耗，是工程成本节约的主要途径。

只有不断地提高人力资源的开发和管理水平，才能充分开发人的潜能。以全面、缜密的思维和更优化的管理方式，保证项目以更低的投入获得更高的产出，切实保障进度计划的落实、工程质量的优良、经济效益的最佳；只有重视项目计划和资源计划控制的实践性，真正地去完善项目管理行为，才能够根据建筑项目的进度计划，合理地高效地利用资源；才能实现提高项目管理综合效益，促进整体优化的目的。

三、建筑工程项目资源管理优化内容

（一）施工资源管理环节

在项目施工过程中，对施工资源进行管理；应注意以下几个环节。

1. 编制施工资源计划

编制施工资源计划的目的是对资源投入量、投入时间与投入步骤做出合理安排，以满足施工项目实施的需要，计划是优化配置和组合的手段。

2. 资源的供应

按照编制的计划，从资源来源到投入施工项目上实施，使计划得以实现，施工项目的需要得以保证。

3. 节约使用资源

根据每种资源的特性，制定出科学的措施，进行动态配置和组合，协调投入，合理使用，不断地纠正偏差，以尽可能少的资源满足项目的使用，达到节约的目的。

4. 合理预算

进行资源投入、使用和产出的核算，实现节约使用的目的。

5. 进行资源使用效果的分析

一方面是对管理效果的总结，找出经验和问题，评价管理活动；另一方面为管理提供储备和反馈消息，以指导以后（或者下一循环）的管理工作。

(二)建筑项目资源管理的优化

目前国内在建的一些工程项目中,相当一部分施工企业还没有真正地做到科学管理.在项目的计划与控制技术方面,更是缺少科学的手段和方法。要解决好这些问题,应该做到以下几点。

1.科学合理的安排施工计划,提高施工的连续性和均衡性

安排施工计划时应考虑人工、机械、材料的使用问题。使各工种能够相互协调,密切配合,有次序、不间断地均衡施工。因此,科学合理安排人工、机械、材料在全施工阶段内能够连续均衡发挥效益是必要的,这就需要对工程进行全面规划,编制出与实际相适应的施工资源计划。

2.做好人力资源的优化

人力资源管理是一种人的经营。一个工程项目是否能够正常发展,关键在于对人力资源的管理。

(1)实行招聘录用制度。对所有岗位进行职务分析,制定每个岗位的技能要求和职务规范。广泛向社会招聘人才,对通过技能考核的人员,遵照相关原则录用,做到岗位与能力相匹配。

(2)合理分工,开发潜能。对所有的在岗员工进行合理分工,并充分发挥个人特长,给予他们更多实际工作的机会。开发他们的潜能,做到“人尽其才”。

(3)为员工搭建一个公平竞争的平台。只有通过公平竞争才能使人才脱颖而出,才可吸引并留住真正有才能的人。

(4)建立绩效考核体系,明确考核条线,纵横对比。确立考核内容,对技术水平、组织能力等进行考核,不同的考核运用不同的考核方法。

(5)建立晋升、岗位调换制度。以绩效为基础,以技能为主。通过考核把真正有能力、有水平的员工晋升到更重要的岗位,以发挥更大的作用。

(6)建立薪酬分配机制。对有能力、有水平的在岗员工,项目管理者应该着重使高额报酬与高等的绩效奖励相结合,并给予中等水平的福利待遇,调动在岗员工的积极性,使人人都有一个奋发向上的工作热情,形成一个有技能、创业型的团队。

(7)建立末位淘汰制度。以绩效技能考核为依据，制定并严格遵循“末位淘汰制度”，将不适应工作岗位、不能胜任本职工作的人员淘汰出局，以达到留住人才的目的。

3.要做好物质资源的优化

(1)对建筑材料、资金进行优化配置。即适时、适量、比例适当、位置适宜地投入，以满足施工需要。

(2)对机械设备优化组合。即对投入施工项目的机械设备在施工中适当搭配，相互协调地发挥作用。

(3)对设备、材料、资金进行动态管理。动态管理的基本内容即按照项目的内在规律，有效地计划、组织、协调、控制各种物质资源，使之在项目中合理流动，在动态中寻求平衡。

第三章　建筑工程项目进度管理

第一节　建筑工程项目进度管理的含义

一、项目进度管理

(一)项目进度管理的基本概念

1.进度的概念

进度是指项目活动在时间上的排列,强调的是一种工作进展以及对工作的协调和控制,所以常有加快进度、赶进度、拖延进度等称谓。对于进度,通常还常以其中的一项内容——"工期"来代称,讲工期也就是讲进度。只要是项目,就有一个进度问题。

2.进行项目进度管理的必要性

项目管理集中反映在成本、质量和进度三个方面,这反映了项目管理的实质,这三个方面通常称为项目管理的"三要素"。进度是三要素之一,它与成本、质量两要素有着辩证的有机联系。对进度的要求是通过严密的进度计划及合同条款的约束,使项目能够尽快地竣工。

实践表明,质量、工期和成本是相互影响的。一般来说,在工期和成本之间,项目进展速度越快,完成的工作量越多,则单位工程量的成本越低。但突击性的作业往往也会增加成本。在工期与质量之间,一般工期越紧,如采取快速突击、加快进度的方法,项目质量就较难保证。项目进度的合理安排,对保证项目的工期、质量和成本有直接的影响,是全面实施"三要素"的关键环节。科学符合合同条款要求的进度,有利于控制项目成本和质量。

3.项目进度管理概念

项目进度管理又称为项目时间管理，是指在项目进展的过程中，为了确保项目能够在规定的时间内实现项目的目标，对项目活动进度及日程安排所进行的管理过程。

4.项目进度管理的重要性

据专家分析，对于一个大的信息系统开发咨询公司，有25%的大项目被取消，60%的项目远远超过成本预算，70%的项目存在质量问题是很正常的事情，只有很少一部分项目确实按时完成并达到了项目的全部要求，而正确的项目计划、适当的进度安排和有效的项目控制可以避免上述这些问题。

（二）项目进度管理的基本内容

项目进度管理包括两大部分内容：一个是项目进度计划的编制，要拟定在规定的时间内合理且经济的进度计划；另一个是项目进度计划的控制是指在执行该计划的过程中，检查实际进度是否按计划要求进行，若出现偏差，要及时找出原因，采取必要的补救措施或调整、修改原计划，直至项目完成。

1.项目进度管理过程

（1）活动定义

确定为完成各种项目可交付成果所必须进行的各项具体活动。

（2）活动排序

确定各活动之间的依赖关系，并形成文档。

（3）活动资源估算

估算完成每项确定时间的活动所需要的资源种类和数量。

（4）活动时间估算

估算完成每项活动所需要的单位工作时间。

（5）进度计划编制

分析活动顺序、活动时间、资源需求和时间限制，以编制项目进度计划。

(6)进度计划控制

运用进度控制方法,对项目实际进度进行监控,对项目进度计划进行调整。

项目进度管理过程的工作是在项目管理团队确定初步计划后进行的。有些项目,特别是一些小项目,活动排序、活动资源估算、活动时间估算和进度计划编制这些过程紧密相连可视为一个过程,可由一个人在较短时间内完成。

2.项目进度计划编制

项目进度计划编制是通过项目的活动定义、活动排序、活动时间估算,在综合考虑项目资源和其他制约因素的前提下,确定各项目活动的起始和完成日期、具体实施方案和措施,进而制订整个项目的进度计划。其主要目的是合理安排项目时间,从而保证项目目标的完成;为项目实施过程中的进度控制提供依据;为各资源的配置提供依据;为有关各方时间的协调配合提供依据。

3.项目进度计划控制

项目进度计划控制是指项目进度计划制订以后,在项目实施过程中,对实施进展情况进行检查、对比、分析、调整,以保证项目进度计划总目标得以实现的活动。按照不同管理层次对进度控制的要求项目进度控制分为三类。

(1)项目总进度控制

即项目经理等高层管理部门对项目中各里程碑时间的进度控制。

(2)项目主进度控制

主要是项目部门对项目中每一主要事件的进度控制;在多级项目中,这些事件可能是各个分项目;通过控制项目主进度使其按计划进行,就能保证总进度计划的如期完成。

(3)项目详细进度控制

主要是各作业部门对各具体作业进度计划的控制;这是进度控制的基础,只有详细进度得到较强的控制才能保证主进度按计划进行,最终保证项目总进度，使项目目标得以顺利实现。

二、建筑工程项目进度管理

（一）建筑工程项目进度管理概念

建筑工程项目进度管理是指根据进度目标的要求，对建筑工程项目各阶段的工作内容、工作程序、持续时间和衔接关系编制计划，将该计划付诸实施，在实施的过程中，经常检查实际工作是否按计划要求进行，对出现的偏差分析原因，采取补救措施或调整、修改原计划直至工程竣工、交付使用。进度管理的最终目的是确保项目工期目标的实现。

建筑工程项目进度管理是建筑工程项目管理的一项核心管理职能。由于建筑项目是在开放的环境中进行的，置身于特殊的法律环境之下，并且生产过程中的人员、工具与设备具有流动性，产品的单件性等都决定了进度管理的复杂性及动态性，必须加强项目实施过程中的跟踪控制。进度控制与质量控制、投资控制是工程项目建设中并列的三大目标之一。它们之间有着密切的相互依赖和制约关系。通常，进度加快，需要增加投资，但工程能提前使用就可以提高投资效益；进度加快有可能影响工程质量，而质量控制严格则有可能影响进度，但如因质量的严格控制而不致返工，又会加快进度。因此，项目管理者在实施进度管理工作中，要对三个目标全面、系统地加以考虑，正确处理好进度、质量和投资的关系，提高工程建设的综合效益。特别是对一些投资较大的工程，在采取进度控制措施时，要特别注意其对成本和质量的影响。

（二）建筑工程项目进度管理的方法和措施

建筑工程项目进度管理的方法主要有规划、控制和协调。规划是指确定施工项目总进度控制目标和分进度控制目标，并编制其进度计划；控制是指在施工项目实施的全过程中，比较施工实际进度与施工计划进度，出现偏差及时采取措施调整；协调是指协调与施工进度有关的单位、部门和施工工作队之间的进度关系。

建筑工程项目进度管理采取的主要措施有组织措施、技术措施、合同措施和经济措施。

1.组织措施

组织措施主要包括建立施工项目进度实施和控制的组织系统,制定进度控制工作制度,检查时间、方法,召开协调会议,落实各层次进度控制人员、具体任务和工作职责;确定施工项目进度目标,建立施工项目进度控制目标体系。

2.技术措施

采取技术措施时应尽可能采用先进施工技术、方法和新材料、新工艺、新技术,保证进度目标的实现。落实施工方案,在发生问题时,及时调整工作之间的逻辑关系,加快施工进度。

3.合同措施

采取合同措施时以合同形式保证工期进度的实现,即保持总进度控制目标与合同总工期一致,分包合同的工期与总包合同的工期相一致,供货、供电、运输、构件加工等合同规定的提供服务时间与有关的进度控制目标一致。

4.经济措施

经济措施是指落实进度目标的保证资金,签订并实施关于工期和进度的经济承包责任制,建立并实施关于工期和进度的奖惩制度。

(三)建筑工程项目进度管理的内容

1.项目进度计划

建筑工程项目进度计划包括项目的前期、设计、施工和使用前的准备等内容。项目进度计划的主要内容就是制订各级项目进度计划,包括进行总控制的项目总进度计划、进行中间控制的项目分阶段进度计划和进行详细控制的各子项进度计划,并对这些进度计划进行优化,以达到对这些项目进度计划的有效控制。

2.项目进度实施

建筑工程项目进度实施就是在资金、技术、合同、管理信息等方面进度保证措施落实的前提下,使项目进度按照计划实施。施工过程中存在各种干扰因素，其将使项目进度的实施结果偏离进度计划，项目进度实施的任务就是预测这些干扰因素，对其风险程度进行分析，并采取预控措施，以保证实际进度与计划进度吻合。

3. 项目进度检查

建筑工程项目进度检查的目的是了解和掌握建筑工程项目进度计划在实施过程中的变化趋势和偏差程度，项目进度检查的主要内容有跟踪检查、数据采集和偏差分析。

4. 项目进度调整

建筑工程项目进度调整是整个项目进度控制中最困难、最关键的内容。其包括以下几个方面的内容。

(1)偏差分析

分析影响进度的各种因素和产生偏差的前因后果。

(2)动态调整

寻求进度调整的约束条件和可行方案。

(3)优化控制

调控的目标是使工程项目的进度和费用变化最小，达到或接近进度计划的优化控制目标。

三、建筑工程项目进度管理的基本原理

(一)动态控制原理

动态控制是指对建设工程项目在实施的过程中在时间和空间上的主客观变化而进行项目管理的基本方法论。由于项目在实施过程中主客观条件的变化是绝对的，不变则是相对的；在项目进展过程中平衡是暂时的，不平衡则是永恒的，因此在项目的实施过程中必须随着情况的变化进行项目目标的动态控制。

建筑工程进度控制是一个不断变化的动态过程，在项目开始阶段，实际进度按照计划进度的规划进行运转，但由于外界因素的影响，实际进度的执行往往会与计划进度出现偏差，出现超前或滞后的现象。这时应通过分析偏差产生的原因，采取相应的改进措施，调整原来的计划，使二者

在新的起点上重合，并发挥组织管理作用，使实际进度继续按照计划进行。在一段时间后，实际进度和计划进度又会出现新的偏差。因此，建筑工程进度控制出现了一个动态的调整过程。

（二）系统原理

系统原理是现代管理科学的一个最基本的原理。它是指人们在从事管理工作时，运用系统的观点、理论和方法对管理活动进行充分的系统分析，以达到管理的优化目标，即从系统论的角度来认识和处理企业管理中出现的问题。

系统是普遍存在的，它既可以应用于自然和社会事件，又可应用于大小单位组织的人际关系之中。因此，通常可以把任何一个管理对象都看成特定的系统。组织管理者要实现管理的有效性，就必须对管理进行充分的系统分析，把握住管理的每一个要素及要素间的联系，实现系统化的管理。

建筑工程项目是一个大系统，其进度控制也是一个大系统，进度控制中，计划进度的编制受到许多因素的影响，不能只考虑某一个因素或几个因素。进度控制组织和进度实施组织也具有系统性，因此，工程进度控制具有系统性，应该综合考虑各种因素的影响。

（三）信息反馈原理

通俗地说，信息反馈就是指由控制系统把信息输送出去，又把其作用结果返送回来，并对信息地再输出发生影响，起到制的作用，以达到预定的目的。

信息反馈是建筑工程进度控制的重要环节，施工的实际进度通过信息反馈给基层进度控制工作人员，在分工的职责范围内，信息经过加工逐级反馈给上级主管部门，最后到达主控制室，主控制室整理统计各方面的信息，经过比较分析做出决策，调整进度计划。进度控制不断调整的过程实际上就是信息不断反馈的过程。

（四）弹性原理

所谓弹性原理，是指管理必须有很强的适应性和灵活性，用以适应系统外部环境和内部条件千变万化的形势，实现灵活管理。

建筑工程进度计划工期长、影响因素多，因此，进度计划的编制就会留出余地，使计划进度具有弹性。进行进度控制时应利用这些弹性，缩短有关工作的时间，或改变工作之间的搭接关系，使计划进度和实际进度吻合。

（五）封闭循环原理

项目的进度计划控制的全过程是计划、实施、检查、比较分析、确定调整措施、再计划。从编制项目施工进度计划开始，经过实施过程中的跟踪检查，收集有关实际进度的信息，比较和分析实际进度与施工计划进度之间的偏差，找出产生原因和解决办法，确定调整措施，再修改原进度计划，形成一个封闭的循环系统。

（六）网络计划技术原理

网络计划技术是指用于工程项目的计划与控制的一项管理技术，依其起源有关键路径法（Critical Path Method，CPM）与计划评审法（Programming Evaluation Review Technique，PERT）之分。通过网络分析研究工程费用与工期的相互关系，并找出在编制计划及计划执行过程中的关键路线，这种方法称为关键路线法（CPM）。另一种注重对各项工作安排的评价和审查的方法被称为计划评审法（PERT）。CPM 主要应用于以往在类似工程中已取得一定经验的承包工程，PERT 更多地应用于研究与开发项目。网络计划技术原理是建筑工程进度控制的计划管理和分析计算的理论基础。在进度控制中，要利用网络计划技术原理编制进度计划，根据实际进度信息，比较和分析进度计划，又要利用网络计划的工期优化、工期与成本优化和资源优化的理论调整计划。

第二节　建筑工程项目进度影响因素

一、影响建筑工程项目进度的因素

（一）自然环境因素

由于工程建设项目具有庞大、复杂、周期长、相关单位多等特点，且建筑工程施工进程会受到地理位置、地形条件、气候、水文及周边环境好坏的影响，一旦在实际的施工过程中这些不利因素中的某一类因素出现，都将对施工进程造成一定的影响。当施工的地理位置处于山区交通不发达或者是条件恶劣的地质条件下时，由于施工工作面较小，施工场地较为狭窄，建筑材料无法及时供应，或者是运输建筑材料时需要花费大的时间，再加上野外环境中对工作人员的考验，一些有毒有害的蚊虫等都将对员工造成伤害，对施工进程造成一定的影响。

天气不仅影响到施工进程，而且有时候天气过于恶劣，会对施工路面、场地，和已经施工完成的部分建筑物以及相关施工设备造成严重破坏，这将进一步制约施工的进行。反之，如果建筑工程施工的地域处于平坦地形，且交通便利便于设备和建筑材料的运输，且环境气候宜人，则有利于施工进程的控制。

（二）建筑工程材料、设备因素

材料、构配件、机具、设备供应环节的差错，品种、规格、质量、数量、时间不能满足工程的需要；特殊材料及新材料的不合理使用；施工设备不配套，造型不当，安装失误、有故障等，都会影响施工进度。

建筑材料供应不及时，就会出现缺料停工的现象，而工人的工资还需正常计费，这无疑是对企业的重创，不仅没有带来利润而且还消耗了人力资源。此外，在资金到位，所有材料一应俱全的时候，还需要注意材料的质量，确保材料质量达标，如果材料存在质量问题，在施工的过程中将会出现塌方、返工，影响施工质量，最终延误工期进程。

（三）施工技术因素

施工技术是影响施工进程的直接因素，尤其是一些大型的建筑项目或者是新型的建筑。即便是对于一些道路或者房屋建筑类的施工项目，其中蕴含的施工技术也是大有讲究的，科学、合理的施工技法明显能够加快施工进程。

由于建筑项目的不同，因此建筑企业在选择施工方案的时候也有所不同，首先施工人员与技术人员要正确、全面地分析、了解项目的特点和实际施工情况，实地考察施工环境。并设计好施工图纸，施工图纸要求简单明了，在需要标注的地方一定要勾画出来，以免图纸会审工作中出现理解偏差，选择合适的施工技术保障在规定的时期内完成工程。在具体施工的过程中，由于业主对需求功能的变更，原设计将不再符合施工要求，因此要及时调整、优化施工方案和施工技术。

(四)项目管理人员因素

整个建筑工程的施工中，排除外界环境的影响，人作为主体影响着整个工程的工期，其建筑项目的主要管理人员的能力与知识和经验直接影响着整个工程的进度。

(五)其他因素

1. 建设单位因素

如建设单位因业主使用要求改变而进行设计变更，应提供的施工场地条件不能及时提供或所提供的场地不能满足工程正常需要，不能及时向施工承包单位或材料供应商付款等都会影响到施工进度。

2. 勘察设计因素

如勘察资料不准确，特别是地质资料错误或遗漏，设计内容不完善，规范应用不恰当，设计有缺陷或错误等。还有设计对施工的可能性未考虑或考虑不周，施工图纸供应不及时、不配套，出现重大差错等都会影响施工进度。

(六)资金因素

工程项目的顺利进行必须有雄厚的资金作为保障，由于其涉及多方利益，因此往往成为最受关注的因素。按其计入成本的方法划分，一般分为直接费用、间接费用两部分。

1. 直接费用

直接费用是指直接为生产产品而发生的各项费用，包括直接材料费、直接人工费和其他直接支出。工程项目中的直接费用是指施工过程中直接耗费构成的支出。

2. 间接费用

间接费用是指企业的各项目经理部为施工准备、组织和管理施工生产所发生的全部施工间接支出。

此外，如有关方拖欠资金，资金不到位、资金短缺、汇率浮动和通货膨胀等也都会影响建筑工程的进度。

二、建筑工程施工进度管理的具体措施

（一）对项目组织进行控制

在进行施工组织人员的组建过程中，要尽量选取施工经验丰富的人，为了能够实现工期目标，在签署合同过程后，要求项目管理人员及时到施工工地进行实地考察，制定实施性施工组织设计，还要与施工当地的政府和民众建立联系，确保获得当地民众的支持，从而为建筑工程的施工创造有利的外界环境条件，确保施工顺利进行。在建筑工程项目施工前，要结合现场施工条件来制定具体的建筑施工方案，确保在施工中实现施工的标准化，能够在施工中严格按照规定的管理标准来合理安排工序。

1. 选择一名优秀合格的项目经理

在建筑工程施工中选择一名优秀合格的项目经理，对于工程项目的工程进度的提升具有十分积极的影响。在实际的建筑工程项目中会面临着众多复杂的状况，难以解决。如果选择一名优秀合格的项目经理的话，由于项目经理自身掌握着扎实的理论知识和过硬的专业技能，能够结合实际的建筑工程项目施工情况，最大限度地利用现有资源提升施工工程的施工效率。因此，在选择项目经理的时候，要注重考察项目经理的管理能力、执行能力、专业技能、人际交往能力等，只有这样才能够实现工程的合理妥善管理，对于缩短建筑工程施工工期有着巨大的帮助。

2. 选择优秀合格的监理

要想对建筑施工工程工期进行合理控制，除了对施工单位采取措施外，必须发挥工程监理的作用，协调各个承包单位之间的关系，实现良好的合作关系，缩短施工工期。而对于那些难以进行协调控制的环节和关系，在总的建筑工程施工进度安排计划中则要预留充分的时间进行调节。对于一名工程的业主和由业主聘请的监理工程师来说，要努力尽到自身的义务，尽力在规定的工期内完成施工任务。

（二）对施工物资进行控制

为了确保建筑工程施工进度符合要求，必须对施工过程的每个环节

中的材料、配件、构件等进行严格的控制。在施工过程中，要对所有的物资进行严格的质量检验工作。在制订出整个工程进度计划后，施工单位要根据实际情况来制订最合理的采购计划，在采购材料的过程中要重视材料的供货时间、供货地点、运输时间等，确保施工物资能够符合建筑工程施工过程中的需求。

（三）对施工机械设备进行控制

施工机械设备对建筑工程施工进度影响非常大，要避免因施工机械设备故障影响进度。在建筑施工中应用最广的塔吊对于整个工程项目的施工进度有着决定性作用，所以要重视塔吊问题，在塔吊的安装过程中就要确保塔吊的稳定性安装，然后必须经过专门的质量安全机构进行检查，检查合格后才能够投入施工建设工作中，避免后续出现问题。然后，操作塔吊的工作人员必须是具有上岗证的专业人员。在施工场地中的所有建筑机械设备都要通过专门的部门检查和证明，所有的设备操作人员都要符合专业要求，并且要实行岗位责任制。此外，塔吊位置设置应科学合理，想方设法物尽其用。

（四）对施工技术和施工工序进行控制

尽量选用合适的技术加快进度，减少技术变更加快进度。在施工开展前要对施工工程的图纸进行审核工作，确保施工单位明确施工图纸中的每个细节，如果出现不懂或者疑问的地方，要及时地和设计单位进行联系，然后确保对图纸的全面理解。在对图纸全面理解过后，要对项目总进度计划和各个分项目计划做出宏观调控，对关键的施工环节编制严格合理的施工工序，确保施工进度符合要求。

第三节　建筑工程项目进度优化控制

一、项目进度控制

（一）项目进度控制的过程

项目进度控制是项目进度管理的重要内容和重要过程之一，由于项目进度计划只是根据相关技术对项目的每项活动进行估算,并做出项目的每项活动进度的安排。然而在编制项目进度计划时事先难以预料的问题很多,因此在项目进度计划执行过程中往往会发生程度不等的偏差,这就要求项目经理和项目管理人员对计划做出调整、变更,消除偏差,以使项目按合同日期完成。

项目进度计划控制就是对项目进度计划实施与项目进度计划变更所进行的控制工作,具体地说,进度计划控制就是在项目正式开始实施后,要时刻对项目及其每项活动的进度进行监督,及时、定期地将项目实际进度与项目计划进度进行比较,掌握和度量项目的实际进度与计划进度的差距,一旦出现偏差,就必须采取措施纠正偏差,以维持项目进度的正常进行。

根据项目管理的层次,项目进度计划控制可以分为项目总进度控制,即项目经理等高层管理部门对项目中各里程碑事件的进度控制;项目主要进度控制,主要是项目部门对项目中每一主要事件的进度控制;项目详细进度控制,主要是各具体作业部门对各具体活动的进度控制,这是进度控制的基础,只有详细进度得到较强的控制才能保证主进度按计划进行,最终保证项目总进度,使项目按时实现。因此,项目进度控制要首先定位于项目的每项活动中。

(二)项目进度控制的目标

项目进度控制总目标是依据项目总进度计划确定的,然后对项目进度控制总目标进行层层分解,形成实施进度控制、相互制约的目标体系。

项目进度目标是从总的方面对项目建设提出的工期要求。但在项目活动中,是通过对最基础的分项工程的进度控制来保证各单项工程或阶段工程进度控制目标的完成,进而实现项目进度控制总目标的。因而需要将总进度目标进行一系列的从总体到细部、从高层次到基础层次的层层分解,一直分解到可以直接调度控制的分项工程或作业过程为止。在分解中,每一层次的进度控制目标都限定了下一级层次的进度控制目标,而较低层次的进度控制目标又是较高一级层次进度控制目标得以实现的保证,于是就形成了一个自上而下层层约束,由下而上级级保证,上下一致的多层次的进度控制目标体系。例如，可以按项目实施阶段、项目所包含的子项目、项目实施单位以及时间来设立分目标。为了便于对项目进度的控制与协调，可以从不同角度建立与施工进度控制目标体系相联系配套的进度控制目标。

二、施工进度计划管理

（一）工程项目施工进度计划的任务

施工进度计划是建筑工程施工的组织方案，是指导施工准备和组织施工的技术、经济文件。编制施工进度计划必须在充分研究工程的客观情况和施工特点的基础上结合施工企业的技术力量、装备水平，从人力、机械、资金、材料和施工方法等五个基本要素，进行统筹规划，合理安排，充分利用有限的空间与时间，采用先进的施工技术，选择经济合理的施工方案，建立正常的生产秩序，用最少的资源和资金取得质量高、成本低、工期短、效益好、用户满意的建筑产品。

（二）工程项目施工进度计划的作用

工程项目施工进度计划是施工组织设计的重要组成部分，是施工组织设计的核心内容。编制施工进度计划是在施工方案已确定的基础上，在规定的工期内，对构成工程的各组成部分（如各单项工程、各单位工程、各分部分项工程）在时间上给予科学的安排。这种安排是按照各项工作在工艺上和组织上的先后顺序，确定其衔接、搭接和平行的关系，计算出每项工作的持续时间，确定其开始时间和完成时间。根据各项工作的工程量和持续时间，确定每项工作的日（月）工作强度，从而确定完成每项工作所需要的资源数量（工人数、机械数以及主要材料的数量）。

施工进度计划还表示出各个时段所需各种资源的数量以及各种资源强度在整个工期内的变化，从而进行资源优化，以达到资源的合理安排和有效利用。根据优化后的进度计划确定各种临时设施的数量，并提出所需各种资源数量的计划表。在施工期间，施工进度计划是指导和控制各项工作进展的指导性文件。

（三）工程项目进度计划的种类

根据施工进度计划的作用和各设计阶段对施工组织设计的要求，将施工进度计划分为以下几种类型。

1.施工总进度计划

施工总进度计划是整个建设项目的进度计划,是对各单项工程或单位工程的进度进行优化安排,在规定的建设工期内,确定各单项工程和或单位工程的施工顺序,开始和完成时间,计算主要资源数量,用以控制各单项工程或单位工程的进度。施工总进度计划与主体工程施工设计、施工总平面布置相互联系,相互影响。当业主提出一个控制性的进度时,施工组织设计据此选择施工方案,组织技术供应和场地布置。相反,施工总进度计划又受到主体施工方案和施工总平面布置的限制,施工总进度计划的编制必须与施工场地布置相协调。在施工总进度计划中选定的施工强度应与施工方法中选用的施工机械的能力相适应。

在安排大型项目的总进度计划时,应使后期投资多,以提高投资利用系数。

2.单项工程施工进度计划

单项工程施工进度计划以单项工程为对象,在施工图设计阶段的施工组织设计中进行编制,用于直接组织单项工程施工。它根据施工总进度计划中规定的各单项工程或单位工程的施工期限,安排各单位工程或各分部分项工程的施工顺序、开竣工日期,并根据单项工程施工进度计划修正施工总进度计划。

3.单位工程施工进度计划

单位工程施工进度计划是以单位工程为对象,一般由承包商进行编制,可分为标前和标后施工进度计划。在标前(中标前)的施工组织设计中所编制的施工进度计划是投标书的主要内容,作为投标用。在标后(中标后)的施工组织设计中所编制的施工进度计划,在施工中用以指导施工。单位工程施工进度计划是实施性的进度计划,根据各单位工程的施工期限和选定的施工方法安排各分部分项工程的施工顺序和开竣工日期。

4.分部分项工程施工作业计划

对于工程规模大、技术复杂和施工难度大的工程项目,在编制单位工程施工进度计划之后，常常需要编制某些主要分项工程或特殊工程的施工作业计划，它是直接指导现场施工和编制月、旬作业计划的依据。

5. 各阶段，各年、季、月的施工进度计划

各阶段的施工进度计划，是承包商根据所承包的项目在建设各阶段所确定的进度目标而编制的，用以指导阶段内的施工活动。

为了更好地控制施工进度计划的实施，应将进度计划中确定的进度目标和工程内容按时序进行分解，即按年、季、月（旬）编制作业计划和施工任务书，并编制年、季、月（旬）所需各种资源的计划表，用以指导各项作业的实施。

（四）施工进度计划编制的原则

1. 施工过程的连续性

施工过程的连续性是指施工过程中的各阶段、各项工作的进行，在时间上应是紧密衔接的，不应发生不合理的中断，保证时间有效地被利用。保持施工过程的连续性应从工艺和组织上设法避免施工队发生不必要的等待和窝工，以达到提高劳动生产率、缩短工期、节约流动资金的目的。

2. 施工过程的协调性

施工过程的协调性是指施工过程中的各阶段、各项工作之间在施工能力或施工强度上要保持一定的比例关系。各施工环节的劳动力的数量及生产率、施工机械的数量及生产率、主导机械之间或主导机械与辅助机械之间的配合都必须互相协调，不要发生脱节和比例失调的现象。例如，混凝土工程中的混凝土的生产、运输和浇筑三个环节之间的关系，混凝土的生产能力应满足混凝土浇筑强度的要求，混凝土的运输能力应与混凝土生产能力相协调，使之不发生混凝土拌和设备等待汽车，或汽车排队等待装车的现象。

3. 施工过程的均衡性

施工过程的均衡性是指施工过程中各项工作按照计划要求，在一定的时间内完成相等或等量递增（或递减）的工程量，使在一定的时间内，各种资源的消耗保持相对的稳定，不发生时紧时松、忽高忽低的现象。在整个工期内使各种资源都得到均衡的使用，这是一种期望，绝对的均衡是难

以做到的，但通过优化手段安排进度，可以求得资源消耗达到趋于均衡的状态。均衡施工能够充分利用劳动力和施工机械，并能达到经济性的要求。

4.施工过程的经济性

施工过程的经济性是指以尽可能小的劳动消耗来取得尽可能大的施工成果，在不影响工程质量和进度的前提下，尽力降低成本。在工程项目施工进度的安排上，做到施工过程的连续性、协调性和均衡性，即可达到施工过程的经济性。

（五）编制施工进度计划必须考虑的因素

编制施工进度计划必须考虑的因素有：工期的长短；占地和开工日期；现场条件和施工准备工作；施工方法和施工机械；施工组织与管理人员的素质；合同与风险承担。

1.工期的长短

对编制施工进度计划最有意义的是相对工期，即相对于施工企业能力的工期。相对工期长即工期充裕，施工进度计划就比较容易编制，施工进度控制也就比较容易，反之则难。除总工期外，还应考虑局部工期充裕与否，施工中可能遇到哪些“卡脖子”问题，有何备用方案。

2.现场条件和施工准备工作

现场条件包括连接现场与交通线的道路条件、供电供水条件、当地工业条件、机械维修条件、水文气象条件、地质条件、水质条件以及劳动力资源条件等。其中当地工业条件主要是建筑材料的供应能力，例如，水泥、钢筋的供应条件以及生活必需品和日用品的供应条件。劳动力资源条件主要是当地劳动力的价格、民工的素质及生活习惯等。水质条件主要是现场有无充足的、满足混凝土拌和要求的水源。有时候地表水的水质不符合要求，就要打深井取水或进行水质处理，这对工期有一定的影响。气象条件主要是当地雨季的长短、年最高气温、最低气温、无霜期的长短等。供电和交通条件对工期的影响也是很大的，对一些大型工程往往要单独建立专用交通线和供电线路，而小型工程则要完全依赖当地的交通和供电条件。

业主方施工准备工作主要有施工用地的占有、资金准备、图纸准备以及材料供应的准备；承包商方施工准备工作则为人员、设备和材料进场，场内施工道路、临时车站、临时码头建设，场内供电线路架设，通信设施、水源及其他临时设施准备。

对于现场条件不好或施工准备工作难度较大的工程，在编制施工进度计划时一定要留有充分的余地。

3.施工方法和施工机械

一般地说采用先进的施工方法和先进的施工机械设备时施工进度会快一些。但是当施工单位开始使用这些新方法施工时，往往不会提高多少施工速度，有时甚至还不如老方法来得快，这是因为施工单位对新的施工方法有一个适应和熟练的过程。所以从施工进度控制的角度看，不宜在同一个工程同时采用过多的新技术(相对施工单位来讲是新的技术)。

如果在一项工程中必须同时采用多项新技术时，那么最好的办法就是请研制这些新技术的科研单位到现场指导，进行新技术应用的试验和推广，这样不仅为这些科研成果的完善提供了现场试验的条件，也为提高施工质量，加快施工进度创造了良好条件，更重要的是使施工单位很快地掌握了这些新技术，大大提高了市场竞争力。

4.施工组织与管理人员的素质

良好的施工组织管理既能有效地制止施工人员的一切不良行为，又能充分调动所有施工人员的积极性，有利于不同部门、不同工作的协调。

对管理人员最基本的要求就是要有全局观念，即管理人员在处理问题时要符合整个系统的利益要求，在施工进度控制中就是施工总工期的要求。如在某堆石坝施工中，施工单位管理人员在内部管理的某些问题上处理不当，导致工人怠工；从而影响工程进度。这时业主单位(当地政府主管部门)果断地采取经济措施，调动工人的积极性，从而在汛期到来之前将坝体填筑到了汛期挡水高程。还有一点要强调的是，作为施工管理人员，特别是施工单位的上层管理人员，无论何时都要将施工质量放在首要的地位。

因为质量不合格的工程量是无效的工程量，质量不合格的工程是要进行返工或推倒重做的。所以工程质量事故必然会在不同程度上影响施工进度。

5.合同与风险承担

这里的合同是指合同对工期要求的描述和对拖延工期处罚的约定。从业主方面讲，拖延工期的罚款数量应与报期引起的经济损失相一致。同时在招标时，工期要求应与标底价相协调。这里所说的风险是指可能影响施工进度的潜在因素以及合同工期实现的可能性大小。

三、建筑工程进度优化管理

（一）建筑工程项目进度优化管理的意义

知道整个项目的持续时间时，可以更好地计算管理成本（预备），包括管理、监督和运行成本；可以使用施工进度来计算或肯定地检查投标估算；以投标价格提交投标表，从而向客户展示如何构建该项目。正确构建的施工进度计划可以通过不同的活动来实现，这个过程可以缩短或延长整个项目的持续时间。通过适当的资源调度可以改变活动的顺序，并延长或缩短持续时间，使资源的配置更加优化，这有助于降低资源需求并保持资源的连续性。

进度表显示团队的目标以及何时必须满足这些目标。此外它还显示了团队必须遵循的路线。它提供了一系列的任务来指导项目经理和主管需要从事哪些活动，哪些是他们应该计划的活动。如果没有这一计划，施工单位可能不知道何时应当实现预定目标。施工进度计划提供了在项目工地上需要建筑材料的日期，可以用来监测分包商和供应商的进度。更为重要的是，进度表提供了施工进度是否按进度进行的反馈，以及项目是否能按时完成。当发现施工进度下降时，可以采取行动来提高施工效率。

（二）工程项目的成本与质量进度的优化

工程项目控制三大目标即工程项目质量、成本、进度。这三者之间相互影响、相互依赖。在满足规定成本、质量要求的同时使工程施工工期缩短也是项目进度控制的理想状态。在工程项目的实际管理中，工程项目管理人员要根据施工合同中要求的工期和要求的质量完成项目，与此同时工程项目管理人员也要控制项目的成本。

为保证建筑工程项目在保证高质量、低成本的同时，又能够提高工程项目进度的完成时间，这就需要工程管理人员能够有效地协调工程项目质量、成本和进度，尽可能达到工程项目的质量、成本的要求完成工程项目的进度。但是，在工程项目进度估算过程中会受到部分外来因素影响，造成与工程合同承诺不一致的特殊情况，就会导致项目进度难以依照计划进度完成。

所以，在实际的工程项目管理中，管理人员要结合实际情况与工项目工程定量、定向的工程进度，对项目成本与工程质量约束下的工程工期进行理性的研究与分析，进而对有问题的工程进度及时采取有效措施调整，以便实现工程项目的工程质量和项目成本中进度计划的优化。

（三）工程项目进度资源的总体优化

在建筑工程项目进度实现过程中和施工所耗用的资源看，只有尽可能节约资源和合理地对资源进行配置，才能实现建设项目工程总体的优化。因此，必须对工程项目中所涉及的工程资源、工程设备以及工人进行总体优化。在建筑工程项目的进度中，只有对相关资源合理投入与配置，在一定的期限内限制资源的消耗，才能获得最大经济效益与社会效益。

所以，工程施工人员就需要在项目进行的过程中坚持几项原则：第一，用最少的货币来衡量工程总耗用量；第二，合理有效的安排建筑工程项目需要的各种资源与各种结构；第三，要做到尽量节约以及合理替代枯竭型和稀缺型资源；第四，在建筑工程项目的施工过程中，尽量均衡在施工过程中资源投入。

为了使上述要求均可以得到实现，建筑施工管理人员必须做好以下几点要求。一是要严格遵循工程项目管理人员制订的关于项目进度计划的规定，提前对工程项目的劳动计划进度合理做出规划。二是要提前对工程项目中所需用的工程材料及与之相关的资源进行预期估计，从而达到优化和完善采购计划的目的，避免出现资源材料浪费的情况。三是要根据工程项目的预计工期、工程量大小。工程质量、项目成本，以及各项条件所需要的完备设备，从而合理地去选择工程中所需设备的购买以及租赁的方式。

第四章　建筑工程项目成本管理

第一节　建筑工程项目成本管理概述

一、成本管理

（一）成本管理的概念

成本管理，通常在习惯上被称为成本控制。所谓控制，在字典里的定义是命令、指导、检查或限制的意思。它是指系统主体采取某种力所能及的强制性措施，促使系统构成要素的性质数量及其相互间的功能联系按照一定的方式运行，以便达到系统目标的管理过程。然而成本管理是企业生产经营过程中各项成本核算、成本分析、成本决策和成本控制等一系列科学管理行为的总称，具体是指在生产经营成本形成的过程中，对各项经营活动进行指导、限制和监督，使之符合有关成本的各项法令、方针、政策、目标、计划和定额的规定，并及时发现偏差予以纠正，使各项具体的和全部的生产耗费被控制在事先规定的范围之内。成本管理一般有成本预测、成本决策、成本计划、成本核算、成本控制、成本分析、成本考核等职能。

1. 狭义的成本管理

成本管理有广义和狭义之分。狭义的成本管理是指日常生产过程中的产品成本管理，是根据事先制定的成本预算，对日常发生的各项生产经营活动按照一定的原则，采用专门方法进行严格的计算、监督、指导和调节，把各项成本控制在一个允许的范围之内。狭义的成本管理又被称为"日常成本管理"或者"事中成本管理"。

2. 广义的成本管理

广义的成本管理则强调对企业生产经营的各个方面、各个环节以及各个阶段的所有成本的控制，既包括“日常成本管理”，又包括“事前成本管理”和“事后成本管理”。广义的成本管理贯穿企业生产经营全过程，它和成本预测、成本决策、成本规划、成本考核共同构成了现代成本管理系统。传统的成本管理是适应大工业革命的出现而产生和发展的，其中的标准成本法、变动成本法等方法得到了广泛的应用。

（二）现代的成本管理

随着新经济的发展，人们不仅对产品在使用功能方面提出了更高的要求，还强调在产品中能体现使用者的个性化。在这种背景下，现代的成本管理系统应运而生，无论是在观念还是所运用的手段方面，其都和传统的成本管理系统有着显著的差异。从现代成本管理的基本理念看，主要表现在如下几项。

1. 成本动因的多样化

成本动因的多样化即成本动因是引起成本发生变化的原因。要对成本进行控制，就必须了解成本为何发生，它与哪些因素有关、有何关系。

2. 时间是一个重要的竞争要素

在价值链的各个阶段中，时间都是一个非常重要的因素，很多行业和各项技术的发展变革速度已经加快，产品的生命周期变得很短。在竞争激烈的市场上，要获得更多的市场份额，企业管理人员必须能够对市场的变化做出快速反应，投入更多的成本用于缩短设计、开发和生产时间，以缩短产品上市的时间。另外，时间的竞争力还表现在顾客对产品服务的满意程度上。

3. 成本管理全员化

成本管理全员化即成本控制不单单是控制部门的一种行为，而是已经变成一种全员行为，是一种由全员参与的控制过程。从成本效能看，以成本支出的使用效果来指导决策，成本管理从单纯地降低成本向以尽可能少的成本支出来获得更大的产品价值转变，这是成本管理的高级形态。

同时,成本管理以市场为导向,将成本管理的重点放在面向市场的设计阶段和销售服务阶段。

企业在市场调查的基础上,针对市场需求和本企业的资源状况,对产品和服务的质量、功能、品种及新产品、新项目开发等提出需要,并对销量、价格、收入等进行预测,对成本进行估算,研究成本增减或收益增减的关系,确定有利于提高成本效果的最佳方案。

实行成本领先战略,强调从一切来源中获得规模经济的成本优势或绝对成本优势。重视价值链分析,确定企业的价值链后,通过价值链分析,找出各价值活动所占总成本的比例和增长趋势,以及创造利润的新增长,识别成本的主要成分和那些占有较小比例而增长速度较快、最终可能改变成本结构的价值活动,列出各价值活动的成本驱动因素及相互关系。同时,通过价值链的分析,确定各价值活动间的相互关系,在价值链系统中寻找降低价值活动成本的信息、机会和方法;通过价值链分析,可以获得价值链的整个情况及环与环之间的链的情况,再利用价值流分析各环节的情况,这种基于价值活动的成本分析是控制成本的一种有效方式;可为改善成本提供信息。

二、建筑工程项目成本的分类

根据建筑产品的特点和成本管理的要求,项目成本可按不同的标准和应用范围进行分类。

(一)按成本计价的定额标准分类

按照成本计价的定额标准分类,建筑工程项目成本可分为预算成本、计划成本和实际成本。

1. 预算成本

预算成本是按建筑安装工程实物量和国家或地区或企业制定的预算定额及取费标准计算的社会平均成本或企业平均成本,是以施工图预算为基础进行分析、预测、归集和计算确定的。预算成本包括直接成本与间接成本,是控制成本支出、衡量和考核项目实际成本节约或超支的重要尺度。

2. 计划成本

计划成本是在预算成本的基础上，根据企业自身的要求，如内部承包合同的规定，结合施工项目的技术特征、自然地理特征、劳动力素质、设备情况等确定的标准成本，亦称目标成本。计划成本是控制施工项目成本支出的标准，也是成本管理的目标。

3. 实际成本

实际成本是工程项目在施工过程中实际发生的可以列入成本支出的各项费用的总和，是工程项目施工活动中劳动耗费的综合反映。

以上各种成本的计算既有联系，又有区别。预算成本反映施工项目的预计支出，实际成本反映施工项目的实际支出。实际成本与预算成本相比较，可以反映对社会平均成本（或企业平均成本）的超支或节约，综合体现了施工项目的经济效益；实际成本与计划成本的差额即项目的实际成本降低额，实际成本降低额与计划成本的比值称为实际成本降低率；预算成本和计划成本的差额即项目的计划成本降低额，计划成本降低额与预算成本的比值称为计划成本降低率。通过几种成本的相互比较，可以看出成本计划的执行情况。

（二）按计算项目成本对象的范围分类

施工项目成本可分为建设项目工程成本、单项工程成本、单位工程成本、分部工程成本与分项工程成本。

1. 建设项目工程成本

建设项目工程成本是指在一个总体设计或初步设计范围内，由一个或者几个单项工程组成，经济上独立核算，行政上实行统一管理的建设单位，建成后可独立发挥生产能力或效益的各项工程所发生的施工费用的总和，比如某个汽车制造厂的工程成本。

2. 单项工程成本

单项工程成本是指具有独立的设计文件，在建成后可独立发挥生产能力或效益的各项工程所发生的施工费用，如某汽车制造厂内某车间的工程成本、某栋办公楼的工程成本等。

3. 单位工程成本

单位工程的成本是指单项工程内具有独立的施工图和独立施工条件的工程施工中所发生的施工费用，如某车间的厂房建筑工程成本、设备安装工程成本等。

4. 分部工程成本

分部工程成本是指单位工程内按结构部位或主要工程部分进行施工所发生的施工费用，如车间基础工程成本、钢筋混凝土框架主体工程成本、屋面工程成本等。

5. 分项工程成本

分项工程成本是指分部工程中划分最小施工过程施工时所发生的施工费用，如基础开挖、砌砖、绑扎钢筋等的工程成本，是组成建设项目成本的最小成本单元。

（三）按工程完成程度的不同分类

施工项目成本分为本期施工成本、本期已完成施工成本、未完成施工成本和竣工施工成本。

1. 本期施工成本

本期施工成本是指施工项目在成本计算期间进行施工所发生的全部施工费用，包括本期完工的工程成本和期末未完工的工程成本。

2. 本期已完成施工成本

本期已完成施工成本是指在成本计算期间已经完成预算定额所规定的全部内容的分部分项工程成本，包括上期未完成由本期完成的分部分项工程成本，但是不包括本期期末的未完成分部分项工程成本。

3. 未完成施工成本

未完成施工成本是指已投料施工，但未完成预算定额规定的全部工序和内容的分部分项工程所支付的成本。

4. 竣工施工成本

竣工施工成本是指已经竣工的单位工程从开工到竣工整个施工期间

所支出的成本。

（四）按生产费用与工程量的关系分类

按照生产费用与工程量的关系分类，可将建筑工程项目成本分为固定成本和变动成本。

1.固定成本

固定成本是指在一定期间和一定的工程量范围内，发生的成本额不受工程量增减变动的影响而相对固定的成本，如折旧费、大修理费、管理人员工资、办公费等。所谓固定，是指其总额而言，对于分配到每个项目单位工程量上的固定成本，则与工程量的增减成反比关系。

固定成本通常又分为选择性成本和约束性成本。选择性成本是指广告费、培训费、新技术开发费等，这些费用的支出无疑会带来收入的增加，但支出的数量却并非绝对不可变；约束性成本是通过决策也不能改变其数额的固定成本，如折旧费、管理人员工资等。要降低约束性成本，只能从经济合理地利用生产能力、提高劳动生产率等方面入手。

2.变动成本

变动成本是指发生总额随着工程量的增减变动而成正比变动的费用，如直接用于工程的材料费、实行计划工资制定的人工费等。所谓变动，就其总额而言，对于单位分项工程上的变动成本往往是不变的。

将施工成本划分为固定成本和变动成本，对于成本管理和成本决策具有重要作用，也是成本控制的前提条件。由于固定成本是维持生产能力所必需的费用，要降低单位工程量分担的固定费用，可以通过提高劳动生产率、增加企业总工程量数额以及降低固定成本的绝对值等途径来实现；降低变动成本则只能从降低单位分项工程的消耗定额入手。

三、建筑工程项目成本管理的职能及地位

（一）建筑工程项目成本管理的职能

建筑工程项目成本管理为建筑工程项目管理的一个重要内容。建筑工程项目成本管理是收集、整理有关建筑工程项目的成本信息；并利用成

本信息对相关项目进行成本控制的管理活动。建筑工程项目成本管理包括提供成本信息、利用成本信息进行成本控制两大活动领域。

1.提供建筑工程项目的成本信息

提供成本信息是施工项目成本管理的首要职能。成本管理为以下两方面的目的提供成本信息。

(1)为财务报告目的提供成本信息

施工企业编制对外财务报告至少在两个方面需要施工项目的成本信息:资产计价和损益计算。施工企业编制对外财务报表,需要对资产进行计价确认,这一工作的相当一部分是由施工项目成本管理来完成的。如库存材料成本、未完工程成本、已完工程成本等,要通过施工项目成本管理的会计核算加以确定。施工企业的损益是收入和相关的成本费用配比以后的计量结果,损益计算所需要的成本资料主要通过施工项目成本管理取得。为财务报告目的提供的成本信息要遵循财务会计准则和会计制度的要求,按照一般的会计核算原理组织施工项目的成本核算。为此目的所进行的成本核算具有较强的财务会计特征,属于会计核算体系的内容之一。

(2)为经营管理目的提供成本信息

经营管理需要各种成本信息,这些成本信息,有些可以通过与财务报告目的相同的成本信息得到满足,比如材料的采购成本、已完工程的实际成本等,这类成本信息可以通过成本核算来提供。有些成本信息需要根据经营管理所设计的具体问题加以分析计算,如相关成本、责任成本等。这类成本信息要根据经营管理中所关心的特定问题,通过专门的分析计算加以提供。为经营管理提供的成本信息,一部分来源于成本核算提供的成本信息,一部分要通过专门的方法对成本信息进行加工整理。经营管理中所面临的问题不同,所需要的成本信息也有所不同。为了不同的目的,成本管理需要提供不同的成本信息。“不同目的,不同成本”是施工项目成本管理提供成本信息的基本原则。

2. 建筑工程项目成本控制

建筑工程项目成本管理的另一个重要职能就是对工程项目进行成本控制。按照控制的一般原理，成本控制至少要涉及设定成本标准、实际成本的计算和评价管理者业绩三个方面的内容。从建筑工程项目成本管理的角度，这一过程是由确定工程项目标准成本、标准成本与实际成本的差异计算、差异形成原因的分析这三个过程来完成。

伴随着建筑工程项目现代化管理的发展，工程项目成本控制的范围已经超过了设定标准、差异计算、差异分析等内容。建筑工程项目成本控制的核心思想是通过改变成本发生的基础条件来降低工程项目的工程成本。为此，就需要预测不同条件下的成本发展趋势，对不同的可行方案进行分析和选择，采取更为广泛的措施控制建筑工程项目成本。

总之，建筑工程项目成本管理的职能体现在提供成本信息和实施成本控制两个方面，可以概括为建筑工程项目的成本核算和成本控制。

（二）建筑工程项目成本管理在建筑工程项目管理中的地位

随着建筑工程项目管理在广大建筑施工企业中逐步推广普及；项目成本管理的重要性也日益为人们所认识。可以说项目成本管理正在成为建筑工程项目管理向深层次发展的主要标志和不可缺少的内容。

1. 建筑工程项目成本管理体现了建筑工程项目管理的本质特征

建筑施工企业作为我国建筑市场中独立的法人实体和竞争主体，之所以要推行项目管理，原因就在于希望通过建筑工程项目管理，彻底突破传统管理模式，以满足业主对建筑产品的需求为目标，以创造企业经济效益为目的。成本管理工作贯彻于建筑工程项目管理的全过程，施工项目管理的一切活动实际也是成本活动，没有成本的发生和运动，施工项目管理的生命周期随时可能中断。

2. 建筑工程项目成本管理反映了施工项目管理的核心内容

建筑工程项目管理活动是一个系统工程，包括工程项目的质量、工期、安全、资源、合同等各方面的管理工作；这一切的管理内容，无一不与成本的管理息息相关。与此同时，各项专业管理活动的成果又决定着建筑工程项目成本的高低。因此，建筑工程项目成本管理的好坏反映了建筑工程项目管理的水平，成本管理是项目管理的核心内容。建筑工程项目成本若能通过科学、经济的管理达到预期的目的，则能带动建筑工程项目管理乃至整个企业管理水平的提高。

第二节　建筑工程项目成本管理的措施及成本降低

一、建筑工程项目成本管理措施

（一）建立全员、全过程、全方位控制的目标成本管理体系

要使企业成本管理工作落到实处，降低工程成本、提高企业效益，须建立一套全员、全过程、全方位控制的目标成本管理体系，做到每个员工都有目标成本可考核，每个员工都必须对目标成本的实施和提高做出贡献并对目标成本的实施结果负有责任和义务，使成本的控制按工程项目生产的准备、施工、验收、结束等发生的时间顺序建立目标成本事前测算、事中监督、执行、事后分析、考核、决策的全过程紧密衔接、周而复始的目标成本管理体系。

（二）采取组织措施控制工程成本

要明确成本控制贯穿工程建设的全过程，而成本控制的各项指标有其综合性和群众性，所有的项目管理人员，特别是项目经理，都要按照自己的业务分工各负其责，只有把所有的人员组织起来，共同努力，才能达到成本控制的目的。因此，必须建立以项目经理为核心的项目成本控制体系。

成本管理是全企业的活动，为了使项目成本消耗保持在最低限度，实现对项目成本的有效控制，项目经理应将成本责任落实到各个岗位、落实到专人，对成本进行全过程控制、全员控制、动态控制，形成一个分工明确、责任到人的成本管理责任体系。应协调好公司与公司之间的责、权、利的关系。同时，要明确成本控制者及任务，从而使成本控制有人负责。

同时还可以设立项目部成本风险抵押金，激励管理人员参与成本控制，这样就大大地提高了项目部管理人员控制成本的积极性。

（三）工程项目招标投标阶段的成本控制

工程建筑项目招标活动中，各项工作的完成情况均对工程项目成本产生一定的影响，尤其是招标文件编制、标底或者招标控制价编制与审查。

1.做好招标文件的编制工作

造价管理人员应收集、积累、筛选、分析和总结各类有价值的数据、资料，对影响工程造价的各种因素进行鉴别、预测、分析、评价，然后编制招标文件。对招标文件中涉及费用的条款要反复推敲，尽量做到“知己知彼”。

2.合理低价者中标

目前推行的工程量清单计价报价与合理低价中标，作为业主方应杜绝一味寻求绝对低价中标，以避免投标单位以低于成本价恶意竞争。做好合同的签订工作，应按合同内容明确协议条款，对合同中涉及费用的如工期、价款的结算方式、违约争议处理等，都应有明确的约定。另外，应争取工程保险、工程担保等风险控制措施，使风险得到适当转移、有效分散和合理规避，提高工程造价的控制效果。

（四）采用先进的工艺和技术，以降低成本

工程在施工前，要制定施工技术规章制度，特别是在节约措施方面，要采用适合本工程的新技术、新设备和新材料等工艺方面。认真对工程的各个方面进行技术告知，严格执行技术要求，确保工程质量和工程安全。通过这些措施可保证工程，控制工程成本，还可以达到降低工程成本的目的。建筑承包商在签订承包协议后，应该马上开始准备有关工程的承包和材料订购事宜。承包商与分包商所签署的协议要明确各自的权利和义务，内容要完善严谨，这样可以降低发生索赔的概率。订货合同是承包各方所签订的合同，要写明材料的类别、名称、数量和总额，方便建筑工程成本控制。

(五)完善合同文本,避免法律损失以及保险的理赔

施工项目的各种经济活动,都是以合同或协议的形式出现,如果合同条款不严谨。就会造成自己蒙受损失时应有的索赔条款不能成立,产生不必要的损失。所以必须细致周密地订立严谨的合同条款。首先,应有相对固定的经济合同管理人员,并且精通经济合同法规有关知识,必要时应持证上岗;其次,应加强经济合同管理人员的工作责任心;最后,要制定相应固定的合同标准格式。各种合同条款在形成之前应由工程、技术、合同、财务、成本等业务部门参与定稿,使各项条款都内涵清楚。

(六)加强机械设备的管理

正确选配和合理使用机械设备,搞好机械设备的保养维修,提高机械的完好率、利用率和使用效率,从而加快施工进度、增加产量、降低机械使用费。在决定购置设备前应进行技术经济可行性分析,对设备购买和租赁方案进行经济比选;以取得最佳的经济效益。项目部编制施工方案时,必须在满足质量、工期的前提下,合理使用施工机械,力求使用机械设备最少和机械使用时间最短,最大限度地发挥机械利用效率。应当做好机械设备维修保养工作,操作人员应坚持搞好机械设备的日常保养,使机械设备经常保持良好状态。专业修理人员应根据设备的技术状况、磨损情况、作业条件、操作维修水平等情况,进行中修或大修,以保障施工机械的正常运转使用。

(七)加强材料费的控制

严格按照物资管理控制程序进行材料的询价、采购、验收、发放、保管、核算等工作。采购人员按照施工人员的采购计划,经主管领导批准之后,通过对市场行情进行调查研究,在保质保量的前提下,货比三家,择优购料(大宗材料实施公司物资部门集中采购的制度),主要工程材料必须签订采购合同后实施采购。合理组织运输,就近购料,选用最经济的运输方法,以降低运输成本,考虑资金的时间价值,减少资金占用,合理确定进货批量和批次,尽可能地降低材料储备。

坚持实行限额领料制度,各班组只能在规定限额内分期分批领用,如

超出限额领料，要分析原因，及时采取纠正措施，低于定额用料，则可以进行适当的奖励；改进施工技术，推广使用降低消耗的各种新技术、新工艺、新材料；在对工程进行功能分析、对材料进行性能分析的基础上，力求用价格低的材料代替价格高的。同时认真计量验收，坚持废旧物资处理审批制度，降低料耗水平；对分包队伍领用材料坚持三方验证后签字领用，及时转嫁现场管理风险。

总之，进行项目成本管理，可改善经营管理，合理补偿施工耗费，保证企业再生产的进行，提升企业整体竞争力。建筑施工企业应加强工程安全、质量管理，控制好施工进度，努力寻找降低工程项目成本的方法和途径，使建筑施工企业在竞争中立于不败之地。

二、建筑工程成本的降低

（一）降低建筑工程成本的重要性

1. 降低建筑工程项目成本能有效地节约资源

从工程项目实体构成来看，项目实体是由诸多的建筑材料构成的。从项目成本费用看，建筑工程项目实体材料消耗一般超过总成本的60％，所用资源及材料涉及钢材、水泥、木材、石油、淡水、土地等众多种类。目前我国经济保持快速稳定的发展，资源短缺将成为制约我国经济发展的主要障碍。节能是一种战略选择，而建筑节能是节能中的重中之重。

2. 降低建筑工程项目成本是提高企业竞争能力的需要

企业生存的基础是以利润的实现为前提。利润的实现是企业扩大再生产，增强企业实力、提高行业竞争力的必要条件。成本费用高，经济效益低是中国建筑业的基本状况，要提高建筑企业利润，提高行业竞争力，促进企业有效竞争，必须降低建筑工程项目成本。

3. 降低建筑工程项目成本是促进国民经济快速发展的需要

劳动密集型作业，生产效率低，为目前我国建筑工程项目的主要特点。制定最佳施工组织设计或施工方案，提高劳动生产率，降低建筑工程项目成本是建筑企业提高经济效益和社会效益的手段，是促进国民经济快速发展的前提条件。

（二）降低建筑工程成本的措施

降低建筑成本既是我国市场经济的外在需要，同时，也是企业自身发展的内在需求。建筑企业要想提高竞争力，获得更多的利润，就必须在保证建筑产品质量的前提下，降低建筑成本。

1. 降低人工成本

人工成本是指企业在一定时期内生产经营和提供劳务活动中因使用劳动力所发生的各项直接和间接人工费用的总和。在现代企业之中，员工的价值不再仅仅表现为企业必须支付的成本，而是可为企业增值的资本，员工能为企业带来远高于成本的价值。因而，要降低人工成本，就应保障他们的利益，提高工作效率。

首先，企业要积极地贯彻执行国家法律法规及各项福利政策，按时效地支付社会保险费、医疗费、住房费等，为员工提供社会保障，解除他们的后顾之忧。其次，企业要对员工进行培训，提高员工的综合素质，使工作态度和工作动机得到改善，从而工作效率得到提高。使员工具有可竞争性、可学习性、可挖掘性、可变革性、可凝聚性和可延续性。再次，各部门要做好协调配合工作。一个企业若想有效地控制人工成本，仅仅依赖人力资源部门的工作是不够的，需要财务、计划、作业等各部门的协调配合并贯彻实施。所以，在进行人工成本控制的同时，必须确保各部门都能通力合作。最后，要建立最优的用工方案。

2. 降低材料成本

材料成本占总实际成本的65％～70％，降低材料成本对减少整个工程的成本具有很大的意义。

首先，在工程预算前对当地市场行情进行调查，遵循“质量好、价格低、运距短”的原则，做到货比三家，公平竞标，坚持做到同等质量比价格，同等价格比服务，订制采购计划。

其次，根据工程的大小与以往工程的经验估计材料的消耗，避免材料浪费。在施工过程中要定期盘点，随时掌握实际消耗和工程进度的对比数据，避免出现停工待料事件的发生。在工程结束后对周转材料要及时回收、整理，使用完毕及时退场，这样有利于周转使用和减少租赁费用，从而降低成本。

再次，要加强材料员管理。在以往的施工过程中，施工现场的材料员一个人负责材料的验收、管理、记账等工作，全过程操作没有完善的监督，给企业的材料管理带来了很大的隐患，如果改为材料员与专业施工员共同验收，材料员负责联系供货、记账，专业施工员负责验收材料的数量和质量，这样，既有了相互的监控，又杜绝了出现亏损相互推诿现象。

最后，在使用管理上严格执行限额领料制度，在下达班组技术安全交底时就明确各种材料的损耗率，对材料超耗的班组严格罚款，从而杜绝使用环节上的漏洞，对于做到材料节约的班组，按节约的材料价值给予一定奖励。

3. 降低机械及运输成本

机械费用对施工企业是十分重要的。使用机械时要先进行技术经济分析，再决定购买还是租赁。在购买大型机械方面要从长远利益出发，要对建筑市场发展有充分的估计，避免工程结束后机械的大量闲置和浪费造成的资金周转不灵，合理调度以便提高机械使用率，严格执行机械维修保养制度，以确保机械的完好和正常运转。在租赁机械方面要选择信誉较好的租赁公司，对租赁来的机械进行严格检查，在使用过程中做好机械的维护和保养工作，合理选配机械设备，充分发挥机械技术性能。同时，还应采用新技术、新工艺，提高劳动生产率，减少人工材料浪费和消耗，力求做到一次合格。

减少运输成本，一方面要做好批量运输批量存放工作。企业在运输过程中应尽量进行一些小批量组合、较大批量运输。货物堆放时也要用恰当的方法，根据货物的种类和数量，做出不同的决策，减少货损，提高效益。做好运输工具的选择。各类商品的性质不同，运输距离相同，决定了不同运输工具的选择。设计合理的运输路线，避免重复运输、往返运输及迂回运输，尽量减少托运人的交接手续。选择最短的路线将货物送达目的地。为避免因回程空驶造成的成本增加，企业要广泛收集货源信息，在保证企业自身运输要求的前提下实现回程配载，降低运输成本。另一方面可以考虑采用施工企业主材统一采购和配送管理。联合几家施工单位进行材料统一采购，统一运输，集成规模运输，也可以减少运输成本。

4. 加强项目招投标成本控制

作为整个项目成本的一部分，招投标成本控制不可忽视。业主应根据要求委托合法的招投标代理机构主持招投标活动，制定招标文件，委托具有相应资质的工程造价事务所编制、审核工程量清单及工程的最高控制价，并对其准确性负责；根据工程规模、技术复杂程度、施工难易程度、施工自然条件，按工程类别编制风险包干系数计入工程最高控制价，同时合理制定工期。业主在开标之前应按照程序从评标专家库中选取相应评标专家组建评标委员会进行评标，评标委员会对投标人的资格进行严格审查，资格审查合格后投标人的投标文件才能参加评审。评标委员会通过对投标人的总投标报价、项目管理班子、机械设备投入、工期和质量的承诺及以往的成绩等进行评审，最终确定中标人。

第三节　建筑工程项目成本控制对策

一、建筑工程项目施工成本控制措施

为了取得施工成本控制的理想成效，应该从多方面采取措施实施管理，通常可以将这些措施归纳为组织措施、技术措施、经济措施、合同措施。

（一）组织措施

1. 落实组织机构和人员

落实组织机构和人员是指施工成本管理组织机构和人员的落实，各级施工成本管理人员的任务和职能分工、权利和责任的明确。施工成本

管理不仅仅是专业成本管理人员的工作，各级项目管理人员都负有成本控制的责任。

2. 确定工作流程

编制施工成本控制工作计划，确定合理详细的工作流程。

3. 做好施工采购规划

通过生产要素的优化配置、合理使用、动态管理，有效控制实际成本；加强施工定额管理和施工任务单管理，控制劳动消耗。

4. 完善管理体制、规章制度

成本控制工作只有建立在科学管理的基础之上，具备合理的管理体制、完善的规章制度、稳定的作业秩序以及完整准确的信息传递，才可取得成效。

（二）技术措施

1. 进行技术经济分析，确定最佳的施工方案

在进行技术方面的成本控制时，要进行技术经济分析，确定最佳施工方案。

2. 结合施工方法，进行材料使用的选择

在满足功能要求的前提下，通过代用、改变配合比、使用添加剂等方法降低材料消耗的费用；确定最适合的施工机械、设备使用方案。结合项目的施工组织设计及自然地理条件，降低材料的库存成本和运输成本。

3. 先进施工技术和新设备的应用

在实践中，也要避免仅仅从技术角度选定方案而忽视了对其经济效果的分析论证。

4. 运用技术纠偏措施

一是要能提出多个不同的技术方案，二是要对不同的技术方案进行技术经济分析。

（三）经济措施

（1）编制资金使用计划，确定、分解施工成本管理目标。

（2）进行风险分析，制定防范性对策。

(3)及时准确地记录、收集、整理、核算实际发生的成本。

对各种变更,及时做好增减账;及时落实业主签证,及时结算工程款。通过偏差分析和未完成工程预测;可发现一些潜在的问题将引起未完成工程施工成本的增加,对这些问题应该以主动控制为出发点,及时采取预防措施。由此可见,经济措施的运用绝不仅仅是财务人员的事。

(四)合同措施

1.对各种合同结构模式进行分析、比较

在合同谈判时,要争取选用适合于工程规模、性质与特点的合同结构模式。

2.注意合同的细节管控

在合同的条款中应仔细考虑影响成本和效益的因素,特别是潜在的风险因素。通过对引起成本变动的风险因素的识别和分析,采取必要的风险对策,如通过合理的方式,增加承担风险的个体数量,降低损失发生的必然性,并最终使这些策略反映在合同的具体条款中。

3.合理注意合同的执行情况

在合同执行期间,合同管理的措施既要密切注意对方合同执行的情况,以寻求合同索赔的机会;同时也要密切关注自己履行合同的情况,以防止被对方索赔。

二、建筑工程项目施工成本核算

(一)建筑工程项目成本核算目的

施工成本核算是施工企业会计核算的重要组成部分,其是指对工程施工生产中所发生的各项费用,按照规定的成本核算对象进行归集与分配,以确定建筑安装工程单位成本和总成本的一种专门方法。施工成本核算的任务包括以下几方面。

第一,执行国家有关成本开支范围,费用开支标准,工程预算定额和企业施工预算,成本计划的有关规定,控制费用,促使项目合理,节约地使用人力、物力和财力,这是施工成本核算的先决前提和首要任务。

第二，正确及时地核算施工过程中发生的各项费用，计算施工项目的实际成本，这是施工成本核算的主体和中心任务。

第三，反映和监督施工项目成本计划的完成情况，为项目成本预测，为参与项目施工生产、技术和经营决策提供可靠的成本报告和有关资料，促进项目改善经营管理，降低成本，提高经济效益，这才是施工成本核算的根本目的。

（二）建筑工程成本核算的正确认识

1. 做好成本预算工作

成本预算是施工成本核算与管理工作开展的基础，成本预算工作人员需要结合已经中标的价格，并且根据工程建设区域的实际情况、现有的施工条件和施工技术人员的综合素质，多方面地进行思考，最终合理、科学地对工程施工成本进行预测。通过预测可以确定工程项目施工过程中各项资源的投入标准，其中包括人力、物力资源等，并且制定限额控制方案，要求施工单位需要将施工成本投入控制在额定范围之内。

2. 以成本控制目标为基础，明确成本控制原则

工程项目施工过程中对于资金的消耗、施工进度，均是依据工程施工成本核算与管理来进行监督和控制的。加强施工过程成本管理相关工作人员需要坚持以下原则：首先就是节约原则，在保证工程建设质量的前提下节约工程建设资源投入。其次就是全员参与原则，工程施工成本管理并不仅仅是财务工作人员的责任，而是所有参与工程项目建设工作人员的责任。还有就是动态化控制原则，在工程项目施工过程中会受到众多不利因素的影响，导致工程项目发生变更，这些内容会导致施工成本的增加。因此，只有落实动态化控制原则，才能全面掌握施工成本控制变化情况。

（三）建筑工程成本预算方法

1. 降低损耗，精准核算

相关工作人员在对施工成本进行核算的过程中，需要从施工人员、工程施工资金、原材料投入等众多方面切入，还需要深入考虑工程建设区域的实际情况，再利用本身具有的专业知识，科学、合理地确定工程施工成

本核算定额。工作人员还需要注重的是，对于工程施工过程中人工、施工机械设备、原材料消耗等费用相关的管理资金投入进行严格的审核。对于工程施工原材料采购需要给予高度的重视，采购之前要派遣专业人员进行建筑市场调查，对于材料的价格、质量，以及供应商的实力进行全面的了解。尽可能地做到货比三家，应用低廉的价格购买质量优异的原材料。

当施工材料运送到施工现场后，需要对材料的质量检验合格证书进行检验，只有质量合格的施工材料才可进入施工现场。在对施工队伍进行管理的过程中，还需要注重激励制度的落实，设置多个目标阶段激励奖项，对考核制度进行健全和完善。这样可以帮助工程项目施工队伍树立良好的成本核算意识，缩减工程项目施工成本投入，提升施工效率，帮助施工企业赢得更多的经济利益。

2. 建立项目承包责任制

在工程项目施工时，可以进行对工程进行内部承包制，促使经营管理者自主经营、自负盈亏、自我发展，自我约束。内部承包的基本原则是："包死基数，确保上缴，超收多留，歉收自补"，工资与效益完全挂钩。这样，可以使成本在一定范围内得到有效控制，并为工程施工项目管理积累经验，并且可操作性极强，方便管理。采取承包制，在具体操作上必须切实抓好组织发包机构、合同内容确定、承包基数测定、承包经营者选聘等环节的工作。由于是内部承包，如发生重大失误导致成本严重超支时则不易处理。因此，要抓好重要施工部位、关键线路的技术交底和质量控制。

3. 严格过程控制

建筑工程项目如何加强成本管理，首先就必须从人、财、物的有效组合和使用全过程中狠下功夫，严格过程控制，加强成本管理。比如，对施工组织机构的设立和人员、机械设备的配备，在满足施工需要的前提下，机构要精简直接，人员要精干高效，设备要充分有效利用。对材料消耗、配件的更换及施工程序控制，都要按规范化、制度化、科学化进行。这样，既可以避免或减少不可预见因素对施工的干扰，也使自身生产经营状况在影响工程成本构成因素中的比例降低，从而有效控制成本，提高效益。过程控制要全员参与、全过程控制，这和施工人员的素质、施工组织水平有很大关系。

三、建筑工程项目成本管理信息化

（一）信息化管理的定义及作用

工程项目的信息化管理是指在工程项目管理中，通过充分利用计算机技术、网络技术等科技技术，实现项目建设、人工、材料、技术、资金等资源整合，并对信息进行收集、存储、加工等，帮助企业管理层决策，从而达到提高管理水平、降低管理成本的目标。项目管理者可以根据项目的特点，及时并准确地做出有效的数据信息整理，实现对项目的监控能力，进而在保障施工进度、安全和质量的前提下实现降低成本的最大化。工程项目成本控制信息化管理的重要作用主要体现在以下几个方面。

1.有效提高建筑工程企业的管理水平

通过信息化管理实现对建筑工程的远程监控，能够及时有效的发现建设过程中成本管理所存在的问题和不足，从而不断改进，不断提高建筑工程企业的管理水平，实现全面的、完善的管理系统，提高企业效益。

2.对工程项目管理决策提供重要的依据

在项目管理中，管理者可以根据信息化管理系统中的信息，及时、准确地对各种施工环境做出准确有效的决策和判断，为管理者提供可靠有效的信息，并且实现对工程项目管理水平进行评估。

3.提高工程项目管理者的工作效率

通过科技技术实现信息化管理，是项目工程成本管理的重要举措。工程项目成本控制的信息化管理能够实现相关信息的共享，提高工程施工人员工作的强度和饱和度，从而减少工作的出错率，并通过宽松的时间和合作单位保持有效的沟通，从而使得双方达到满意的状态。

（二）建筑工程项目成本管理信息化的意义

建筑企业良好的社会信誉和施工质量无疑能增强企业的市场竞争优势，但是，就充分竞争的建筑行业、高度同质化的施工产品来说，价格因素越来越成为决定业主选择承建商的最重要因素。所以,如何降低建筑工程项目的运营成本,加强建筑工程项目成本管理是目前建筑企业增强竞争力的重要课题之一。

建筑工程项目成本管理信息化必须适应建筑行业的特点与发展趋势,以先进的管理理念和方法为指导,依托现代计算机工具,建立一套操作性强的、高速实时的、信息共享的操作体系,贯穿工程项目的全过程,形成各管理层次、各部门、全员实时参与,信息共享、相互协作的,以项目管理为主线,以成本管理为核心,实现建筑企业财务和资金统筹管理的整体应用系统。

建筑工程项目成本管理信息化也就当然成为建筑工程项目管理信息化的焦点和突破口。为了更有效地完成建筑工程项目成本管理,从而在激烈的市场竞争中保持建筑企业竞争的价格优势,在工程项目管理中引入成本管理信息系统是必要的,也是可行的。

建筑工程项目成本管理信息系统的应用及其控制流程和系统结构信息网络化的冲击不仅大幅缩短了信息传递的过程,使上级有可能实时地获取现场的信息,做出快速反应,并且由于网络技术的发展和应用,大大提高了信息的透明度,削弱了信息不对称性,对中间管理层次形成压力,从而实现了有效的建筑工程项目成本管理。

(三)建筑工程项目成本管理中管理信息系统的应用

1. 系统的应用层次

工程项目管理信息系统在运作体系上包含三个层次:总公司、分公司以及工程项目部。其中总公司主要负责查询工作,而分公司将所有涉及工程的成本数据都存储在数据库服务器上,工程项目部则是原始数据采集之源。这个系统包括系统管理、基础数据管理、机具管理、采购与库存管理、人工分包管理、合同管理中心、费用控制中心、项目中心等共计八个模块。八个模块相辅相成,共同构成了一个有机的整体。

2. 工程项目管理流程

项目部通过成本管理系统软件对施工过程当中产生的各项费用进行控制、核算、分析和查询。通过相关程序以及内外部网络串联起各个独立的环节，使其实现有机化，最终汇总到项目部。由总部实现数据的实时掌控，通过对数据的详细分析，能够进行成本优化调节。

3. 工程项目成本管理系统的软件结构

成本管理系统软件由以下部分组成：预算管理程序、施工进度管理程序、成本控制管理程序、材料管理程序、机具管理程序、合同事务管理程序以及财务结算程序等组成。

预算管理又包含预算书及标书的管理、项目成本预算的编制。其中的预算书为制订生产计划的重要依据，然而项目成本预算是制订成本计划的依据之一。

4. 成本核算系统

成本核算作为成本管理的核心环节，居于主要地位。成本核算能够提供费用开支的依据，同时根据它可以对经济效益进行评价。工程项目成本核算的目的是取得项目管理所需要的信息，而“信息”作为一种生产资源，同劳动力、材料、施工机械一样，获得它是需要成本的。工程项目成本核算应坚持形象进度、产值统计、成本归集三同步的原则。项目经理部应按规定的时间间隔进行项目成本核算。成本核算系统就是帮助项目部及公司根据工程项目管理和决策需要进行成本核算的软件，称为工程项目成本核算软件。

第五章　建筑结构设计概论

第一节　建筑结构设计基础知识

建造房屋，从拟订计划到建成使用，通常有编制计划任务书、选择和勘测地基、设计、施工及交付使用后的回访等几个阶段。房屋设计包括建筑设计、结构设计及施工组织设计等几个部分。

一、建筑结构设计的对象

建筑结构设计的对象就是结构工程师从建筑及其他专业图纸中所提炼简化出来的结构元素，包括墙、柱、梁、板、楼梯、基础等。这些结构元素用来构成建筑物或者构筑物的结构体系，包括水平承重结构体系、竖向承重结构体系及底部承重结构体系。

各结构体系的组成和主要作用有以下几个方面。

第一，水平承重结构体系通常是指房屋中的楼盖结构和屋盖结构，包含的主要结构元素为梁和板。水平承重结构体系将作用在楼盖、屋盖上的荷载传递给竖向承重结构。

第二，竖向承重结构体系通常是指房屋中的框架、排架、刚架、剪力墙、筒体等结构，包含的主要结构元素为墙、柱。竖向承重结构体系将自身的质量及水平承重结构传来的荷载传递给基础和地基。

第三，底部承重结构体系通常是指房屋中的地基和基础，它们主要承受竖向结构传递来的荷载。

二、建筑结构的分类

建筑结构的分类有多种方法。

民用建筑按使用功能可分为居住建筑和公共建筑两大类。其中,居住建筑可分为住宅建筑和宿舍建筑。

(一)民用建筑按地上建筑高度或层数进行分类应符合相关规定

第一,建筑高度不大于27.0m的住宅建筑、建筑高度不大于24.0m的公共建筑及建筑高度大于24.0m的单层公共建筑为低层或多层民用建筑。

第二建筑高度大于27.0m的住宅建筑和建筑高度大于24.0m的非单层公共建筑,且高度不大于100.0m的为高层民用建筑。

第三建筑高度大于100.0m为超高层建筑。

(二)建筑结构按分类所用的材料不同分类

混凝土结构:包括素混凝土结构、钢筋混凝土结构及预应力钢筋混凝土结构。

钢结构:是指以钢材为主制作的结构。

砌体结构:是指由块材(如烧结普通砖、硅酸盐砖、石材等)通过砂浆砌筑而成的结构。

(三)建筑结构按其承重结构的类型分类

墙承重结构:用墙体来承受由屋顶、楼板传来的荷载的建筑,称为墙承重受力建筑,如砖混结构的住宅、办公楼、宿舍。

排架结构:采用柱和屋架构成的排架作为其承重骨架,外墙起围护作用,单层厂房是典型排架结构。

框架结构:以柱、梁、板组成的空间结构体系作为骨架的建筑。

剪力墙结构:剪力墙结构的楼板与墙体均为现浇或预制钢筋混凝土结构,多被用于高层住宅楼和公寓建筑。

框架一剪力墙结构:在框架结构中设置部分剪力墙,使框架和剪力墙二者结合起来，共同抵抗水平荷载的空间结构。

筒体结构：框架内单筒结构、单筒外移式框架单筒结构、框架外筒结构、筒中筒结构和成组筒结构。

大跨度空间结构：该类建筑往往中间没有柱子，而是通过网架等空间结构将荷载传递到建筑四周的墙、柱，如体育馆、游泳馆、剧场等。

三、建筑结构体系的选择

根据建筑类型来确定结构体系。结构体系的选择应考虑建筑功能要求、建筑的重要性、建筑所在场地的抗震设防烈度、地基主要持力层及其承载力、建筑场地的类别，以及建筑的功能和层数等。结构的布置应遵循以下原则。

第一，结构规则整体性好，受力可靠。在满足使用要求的前提下，结构便于施工、经济合理。平面布置和竖向布置尽可能简单、规则、均匀、对称。以避免发生突变，结构整体刚度和楼盖结构刚度大小合理。若刚度太小，则不符合规范要求。反之，则不经济。

结构的刚心与质心尽可能接近，两个主轴的动力特性相近，避免结构在风荷载或者水平向的地震作用下产生大的扭转效应。

抗侧力结构刚度和承载力沿竖向均匀变化，避免突变；沿平面布置均匀合理，利于结构整体性能和抗震延性的实现。

第二，荷载传递路线要明确，结构计算简图要简单且易于确定。重力荷载传递直接。楼盖结构布置应使重力荷载传递到竖向构件的路径最短。竖向构件的布置，尽量使其重力荷载作用下的压应力水平接近。

第三，水平荷载传递直接。整体抗侧力结构体系明确，传力直接。楼盖要具有一定的刚度和强度，有效地把作用在建筑物上的水平力传递给各竖向结构构件。

四、建筑结构分析方法

在结构分析时，宜根据结构类型、构件布置、材料性能和受力特点选择下列分析方法。

（一）线弹性分析方法

线弹性分析方法就是假定构件的受力和变形时满足线性变形的特点，并且假定变形是可恢复的一种变形方法。线弹性分析方法可用于结构的承载能力极限状态及正常使用极限状态的作用效应分析。

（二）考虑塑性内力重分布的分析方法

房屋建筑中的钢筋混凝土连续梁和连续单向板，宜采用考虑塑性内力重分布的分析方法。框架、框架－剪力墙结构的双向板，经过弹性分析求得内力后，也可对支座弯矩进行调幅，并相应地调整跨中弯矩值。按照塑性内力重分布方法设计的构件，还应满足正常使用极限状态的要求或按照规范的有关规定采取有效的构造措施。

（三）非线性分析方法

特别重要的或者受力状况特殊的大型杆系结构和二维、三维结构，必要时还应对结构的整体或其部分进行受力过程的非线性分析。

第二节　建筑结构设计过程

建筑结构设计过程大致可以分为方案设计阶段、结构初步设计阶段和施工图设计阶段。

一、方案设计阶段

（一）方案设计阶段目标

确定建筑物的整体结构可行性，柱、墙、梁的大体布置，以便建筑专业人员在此基础上对建筑结构进一步深化认识，形成一个各专业都可行、大体合理的建筑方案。

（二）方案设计阶段内容

1. 结构选型

结构体系及结构材料的确定，如混凝土结构几大体系（框架、框架－

剪力墙、剪力墙、筒中筒等)、混合结构、钢结构以及个别构件采用组合构件,等等。

2. 结构分缝

如建筑群或体型复杂的单体建筑,需要考虑是否分缝,并确定防震缝的宽度。

3. 结构布置

柱墙布置及楼面梁板布置,主要确定构件支承和传力的可行性和合理性。

4. 结构估算

根据工程设计经验采用手算估计主要柱、墙、梁的间距、尺寸,或构建概念模型进行估算。

二、结构初步设计阶段

(一)结构初步设计阶段目标

在方案设计阶段成果的基础上调整、细化,以确定结构布置和构件截面的合理性和经济性,以此作为施工图设计实施的依据。

(二)结构初步设计阶段内容

(1)结构各部位抗震等级的确定。

(2)计算参数选择(设计地震动参数、场地类别、周期折减系数、剪力调整系数、地震调整系数、梁端弯矩调整系数、梁跨中弯矩放大系数、基本风压、梁刚度放大系数、扭矩折减系数、连梁刚度折减系数、地震作用方向、振型组合、偶然偏心等)。

(3)混凝土强度等级和钢材类别。

(4)荷载取值(包括隔墙的密度和厚度)。

(5)振型数的取值(平扭耦联时取≥15,多层取 3n,大底盘多塔楼时取≥9n,n 为楼层数)。

(6)结构嵌固端的选择。输入正确的参数和结构信息后结构计算由计算软件进行,但是结构计算结果需要由结构设计人员根据自己的知识储备和结构设计经验进行判断。需要判断的内容：①地面以上结构的单位面积重度是否在正常数值范围内，数值太小可能是漏了荷载或荷载取值偏小，数值太大则可能是荷载取值过大，或荷载该折减的没折减，计算时建筑结构面积务必准确取值；②竖向构件（柱、墙）轴压比是否满足规范要求：在此阶段轴压比必须严加控制；③楼层最大层间位移角是否满足规范要求：理想结果是层间位移角略小于规范值，且两个主轴方向侧向位移值相近；④周期及周期比；⑤剪重比和刚重比；⑥扭转位移比的控制；⑦有转换层时，必须验算转换层上下刚度比及上下剪切承载力比等。

三、施工图设计阶段

（一）施工图设计阶段目标

施工图设计阶段主要目标是满足施工要求，即在初步设计或技术设计的基础上，综合建筑、结构、设备各工种，相互交底、核实核对，深入了解材料供应、施工技术、设备等条件，把满足工程施工的各项具体要求反映在图纸中，做到整套图纸齐全统一，明确无误。

（二）施工图设计阶段内容

1. 结构计算

建筑及设备专业在初步设计基础上有修改、深化、调整，结构专业在该修改的基础上再完善模型并进行计算，确定各构件的截面尺寸和配筋。

2. 结构计算书

结构计算书应完整，包括荷载取值（从建筑做法到结构荷载，不仅仅是荷载简图），整体计算的输入输出信息（包括控制信息和简图），未含在整体电算内的构件计算、节点计算、连接计算等。

3. 图纸目录编排

应按图纸内容的主次关系、施工先后顺序，有系统、有规律地排列，排在前面的应是结构设计（或施工）总说明（含地下室结构总说明、钢结构总说明、平法变更等），继而是基础（平面及大样）、竖向构件（定位及配筋图）、楼层结构（模板、板配筋、梁配筋），最后是节点、楼梯、水池及其他。

4. 图幅控制及布图技巧

图纸目录的编排与图幅控制有关，图幅控制又与布图技巧有关，三者都应具有逻辑性和科学性。施工图最理想、最方便使用的图幅为 A1，其次是 A0，应尽量避免采用加长图。如 A1 容纳不了，可通过缩小画图比例（由 1∶100 改为 1∶150）或分块绘制（分块绘制时需在图纸右上角以小比例图示出分块在总平面上的位置），使图幅控制在理想图幅之内。布图技巧，一张图的内容应布置得疏密有序，布图不能过于饱满，也不能太空旷。如建筑平面狭长，宜将同一楼层的“模板平面图”与“楼板配筋平面图”在同一幅图的上、下或左、右位置画出；如建筑平面较小（如别墅之类），则可将若干楼层平面同处一张图中。

5. 文字说明

文字说明包括整个工程的结构设计总说明、地下室结构设计说明、钢结构设计说明、平法变更，以及每张图纸的特殊说明。结构设计总说明采用圆圈及局部填写形式，局部填写时要准确；具体图纸中的说明是特别说明，内容应简短，文字要简洁、准确，要特别注意其包容性。文字叙述的内容应是该图中极少数的特殊情况或者是具有代表性的大量情况。

6. 构件配筋

对于混凝土结构，各构件的用钢类别、钢筋直径、数量/间距都必须明确标出，对于组合构件或钢结构，必须标出型钢规格（必要时应给出图例）。

第三节　建筑结构设计的原则及要求

一、建筑结构设计的基本原则

第一，建筑结构设计过程中要坚持取长补短原则。在建筑结构设计过程中，结构刚性太强，建筑物受到巨大力量破坏时容易造成建筑物的刚性破坏。建筑结构偏软，就会引起建筑物容易变形的问题。所以在建筑结构设计过程中，建筑结构工程师要对建筑结构进行取长补短。

第二，建筑结构设计中要坚持结构设计中构建的主次要分明，不同构件要发挥不同的作用，要从建筑物的整体进行考量，做好建筑物不同梁、柱、构件间的不同受力分析。

第三，在结构设计过程中，要对建筑物的结构进行安全处理，要保证各楼层进行设置。在遇到灾难性的破坏时能起到良好的结构性作用。切不可把风险都寄托在建筑物的某一结构上。要有建筑物层层处理好安全结构设计的思路。

二、建筑结构设计的要求

建筑结构设计是一个有机的整体，其中包括建筑设计、结构设计、建筑给排水设计、暖通设计以及电气设计等诸多细节。每一个环节都要求功能性得到保证，要符合建筑物的使用和经济性的要求。其中建筑设计的基本程序包括建筑结构方案组织、建筑结构设计分析以及工程图绘制等几个部分。

第一，建筑结构设计的具体要求：计算数据要准确，在建筑结构设计过程中，地基勘察的数据以及建筑构件承载的负荷。但数值要做到翔实、准确，要对承载构件进行荷载测试，数据要准确。

在结构设计过程中，要对不同的方案进行数据分析，选择最为优化的设计组合来进行建筑结构合理配置。

第二，建筑结构的抗震设计，目前我国的建筑物抗震设防烈度为六到九度。建筑物的抗震设计要符合国家的相关的技术规范与标准。

第三，建筑结构设计中应注意的相关问题。

首先，建筑工程设计团队要保证建筑物的结构安全，从设计角度来说，建筑的结构设计要保证建筑结构的安全，组织专业的设计队伍制定合理的建筑结构设计周期。工程设计各环节要实行岗位负责制。其次，加强工程设计的审查，设计单位应时时对工程设计做好监督审查。及时了解各设计环节的过程与遇到的问题。要定期地对设计思想、设计理念进行沟通，要配合政府相关主管部门进行实时监督。

第四，在建筑结构设计过程中，对于梁、构造柱的计算，梁与楼板之间的跨度计算要依照相关的技术规范进行设计处理。简单点讲，可认为是在梁的中心线上有一刚性支座，取消梁的概念，将梁板统一认为是一变截面板在扁梁结构中，梁高比板厚大不了多少时，应将计算长度取至梁中心，选梁中心处的弯距和梁厚，及梁边弯距和板厚配筋，取二者大值配筋。

第五，在结构设计过程中要处理好电气专业设计与结构之间的关系，在电气专业设计环节中。原则上就是把电气线路通过金属管沿墙及楼板暗示在框架结构以及预制梁，有预留线路孔道。包括电梯设备的安装预留电梯井道，线路铺设以及电梯机房，复合电梯运行的荷载。其实选择了解电梯所用电气设备的型号，铺设线路过程中要选择符合电气设备荷载的线路。

第六，主梁有次梁处加附加筋，一般应优先加箍筋，附加箍筋可认为是：主梁箍筋在次梁截面范围无法加箍筋或箍筋短缺而在次梁两侧补上。附加筋一般要有，但不应绝对。规范地说，位于梁下部或梁截面高度范围内的集中荷载，应全部由附加横向钢筋承担。也就是说，位于梁上的集中力如梁上柱、梁上后做的梁如水箱下的垫梁不必加附加筋。位于梁下部的集中力应加附加筋。但梁截面高度范围内的集中荷载可根据具体情况而定。当主次梁截面相差不大，次梁荷载较大时，应加附加筋。

第七，基坑开挖时，摩擦角范围内的坑边的基底土受到约束，不反弹，坑中心的地基土反弹，回弹以弹性为主，回弹部分被人工清除。当基础较小，坑底受到很大约束，如独立基础，回弹可以忽略，在计算沉降时，应按基底附加应力计算当基坑很大时，相对受到较小约束，如箱基，计算沉降时应按基底压力计算，被坑边土约束的部分当作安全储备，这也是计算沉降大于实际沉降的原因之一。

第八，在多高层结构设计时，应尽可能避免短柱。其主要的目的是使同层各柱在相同的水平位移时，能同时达到最大承载能力，但随着建筑物的高度与层数的加大，巨大的竖向和水平荷载使底层柱截面越来越大，从而造成高层建筑的底部数层出现大量短柱，为了避免这种现象的出现，从结构设计的角度对承载柱由矩形柱改成田型柱，增加构造柱的接触面，防止短柱现象的出现，能增强水平承载力的强度，建筑结构能有效地增强建筑物的强度。

从结构角度来讲，结构设计师要在设计过程中加强梁之间的跨度的钢筋的布置，要加强建筑物的地基处理，调整沉降的强度，及时调整建筑物的荷载偏心现象的出现。对设计中经常出现的问题要在设计中进行数据设计范围的调整。在特定部位设挑板，还可调整沉降差和整体倾斜；窗井部位可以认为是挑板上砌墙，不宜再出长挑板。虽然在计算时此处板并不应按挑板计算。

第六章　常见的结构材料

第一节　结构材料的基本要求

结构的重要作用以及结构所承担荷载的复杂性，对于结构所采用的材料有着较高的要求，不仅仅是强度——抵抗破坏的能力（这是最为基本的），同时，对于材料的刚度——抵抗变形的能力要求也很高。另外，建筑物的体量巨大，耗用材料数量相当惊人，造价额度对于普通人来讲更可能是天文数字。因此，要求结构材料的价格尽可能相对低廉，从而降低工程成本。除此以外，建筑物与构筑物不仅要在单一的环境中存在，还要面临气候的变化，甚至要面临特殊的灾祸——如火灾的作用。结构材料应该对于各种环境具有相对的环境适应性，其强度与刚度对于自然界的温度变化要有较大的适应度；对于特定的环境，如火灾，要有一定的适应时间——在一定的时间内保持其基本性能。

一、结构材料要有足够的、有一定环境适应度的强度

足够的强度是对于结构材料的基本要求，没有强度或强度不足将无法承担建筑物荷载所形成的巨大的应力作用，甚至会导致建筑物坍塌。结构材料还要面对季节变化所导致的温度、湿度、冻融循环等，其强度也不能有明显的变化，也要同样具有承担荷载的能力。同时，结构材料还应该能够抵御空气与环境的腐蚀影响。在特殊情况下，如火灾等，结构材料必须能够保证其强度性能在一定的时间范围内不会明显失效，使人们可以逃离险境。

从微观来看，以现有的科技水平与工艺水平，任何天然材料与人工生

产的任何材料均存在着各种缺陷，如材质不均匀、不稳定等。有些材料表现十分明显，如混凝土；有些不明显，如钢材。但从严格的数学与力学的角度来讲，所有材料的破坏临界值——强度指标，对于统一的试验标准、不同的试验个体来讲，均体现出一定的离散性。因此，这就需要以统计的手段来确定特定材料的强度特征性指标——在以该指标进行设计时，尽管实际材料的强度指标会有离散性，但该指标对于大多数所设计采用的材料是有效的、安全的。

确定材料强度指标的方法与确定荷载指标的方法相类似，即模拟结构材料各种可能的常规工作环境，对于按照标准生产的材料，制作成标准试件，以标准的测试方法测量各个试件的强度指标，再以统计的方法测算各种强度区间的概率指标，回归成强度分布图。

强度分布图一般呈正态分布函数，试验中按照95％的保证率的原则来选择特征强度指标，使高于该指标的材料强度的总概率为95％，即失效概率为5％。

二、结构材料要有足够的刚度

除了强度指标，刚度——抵抗变形的能力也同样重要。没有足够的强度，构件受力后虽然不会破坏，但可能由于变形过大，导致构件与构件之间的宏观几何关系发生改变，进而会使得结构整体的受力性能复杂化和不确定性增加，使设计复杂性提高，实际使用的模糊性加大，安全性降低。

另外，由于建筑结构设计是以力学为基础的应用性科学，尤其是材料力学、弹塑性力学、结构力学等基础学科，因此这些基础学科的基本原理与力学假设在结构设计时，应尽可能地遵守。如果由于实际材料的特殊性能不能完全满足力学基础与假设的要求，则应采取实验修正的方式来满足。材料刚度过小，就会使实际结构不符合材料力学与结构力学的基本假设——小变形原则，因此利用材料力学与结构力学所计算的各种实际结构的内力、变形等参数，均不能够适用于这种材料。

除了力学问题，变形也会导致使用中的问题，梁的挠曲过大，会使室内的人感到紧张与恐慌；墙面变形会使其表面的装饰材料发生裂缝、严重时会脱落。当变形不均匀、不一致时，会产生整体结构的倾斜，导致各种精密度要求较高的设备失效。

如果材料在静态力学作用下会产生较大的变形，则该结构与材料在动态力学作用下会产生较大的振幅，这种大幅度的振动会导致结构的破坏加剧。

结构的刚度指标是强度指标之外的次重要指标，在结构设计中，刚度指标一般不属于设计内容，而是属于验算内容，即根据强度计算指标的结果，在已经满足强度要求的前提下，验算结构或构件的刚度是否满足要求。在验算中，导致最大变形的不利荷载取值一般低于强度设计时所选用的指标，采用荷载标准值。同样，与刚度相关的指标也采用标准值。

三、结构材料要有相应的重量

材料的重量是结构保持自身稳定性的重要手段，尽管现代建筑的要求是材料应该轻质高强，然而过轻的自重会使结构的自身惯性保持自身固有的力学状态的能力（参见牛顿第一定律）也很小。庞大的体积与自重可以有效地抵御荷载所形成的运动趋势，使结构的稳固性大大提高。因此，在外部荷载的作用下，自身较轻的结构会产生明显的、较大的自身反应。尤其在动荷载作用下，轻薄的构件会产生不良的颤动，不仅影响工作效果，而且颤动所产生的往复应力的作用，会使材料发生低应力脆断——疲劳破坏。

建筑物自身的自重是其保持整体稳定、抵抗倾覆的重要因素，现代建筑物中有许多结构都是利用结构的自重来达到其功能的。例如，重力式水坝、挡土墙利用自重保持结构在水、土侧向作用下的稳定，达到挡水、土的目的；重型屋面利用自重抵抗风的作用；重力式桥墩利用自重抵抗水流、风、车辆的动力作用，稳定桥面。

当然，并不是材料越重越好，自重荷载是设计荷载的重要组成部分，自重过大会使结构的总荷载中外荷载的比例降低。同时，自重大的结构，地震反应也剧烈（惯性大的原因）。因此，材料要有一定的自重指标，但前提是强度要满足相应的要求。

四、结构材料要有相对低廉的价格

结构材料使用量大，成本是必须被有效控制的。从现有的资料测算表明，较现代化的建筑物，如写字楼、商业中心等，结构施工部分所消耗的资金约占建筑物建设总成本的1/3左右；一般民用建筑，如住宅，结构施工部分所消耗的资金约占建筑物建设总成本的2/3左右；一般工业建筑，如厂房，结构施工部分所消耗的资金约占建设总成本的4/5左右甚至更多；而构筑物，如桥梁、水坝其结构成本几乎就是建设总成本。

因此，在选择结构材料的过程中，确保造价低廉已经成为有效控制总造价的重要基础条件。显然，施工所需材料的成本并不能完全代表施工的总成本，施工的难度也是决定总成本的关键因素。施工过程的复杂性不仅会导致施工所需资源的增加，还会延长施工时间，增加资金占用，同时也会增加机会成本和相关风险。

所以，设计人员在考虑材料成本时，应从结构性能、基础材料价格、施工难度等多个维度进行综合评估，确保材料的性价比达到最佳水平。

五、结构材料要有良好的环保性能

环境保护与可持续发展的思路与概念在近十几年，特别是进入21世纪后，被社会各阶层迅速接受，环保已经成为面向未来的一种潮流。

建筑材料、结构材料作为材料中用量较大的一类，更应体现环保原则。

结构材料良好的环保性能，要从三方面体现出来。

首先，这种材料在使用过程中不会对环境和健康产生负面影响，不会对人体产生任何不良影响，它无毒、无放射性，不会释放有害气体，也不会与空气产生不良的化学反应。这是对结构材料环保性能的基本要求。

其次，在材料的生产过程中，不会对自然环境造成相对的破坏，也不会大面积地破坏或影响自然环境，更不会破坏生态平衡。

归根结底，这些材料可回收和重复使用，有助于减少对新型材料的依赖，从而间接保护自然环境。鉴于建筑物的使用年限通常较长，大多数建筑物的设计使用年限都在百年以上，因此在建筑结构材料的再利用方面，性能要求并不是特别严格。同时，装饰装修材料在这方面的应用原理也逐渐显现出来。目前，一些科研机构和高等院校正在研发一种依靠碾压混凝土搅拌而成的再生混凝土。这种混凝土的使用无疑为废弃房屋产生的大量建筑垃圾提供了一个理想的处理场所，同时也大大减少了因生产水泥和沙子而对自然环境的过度利用。

六、结构材料要有良好的方便施工的性能

材料终究是材料，必须经过适当的工艺过程才能成为构件、结构，才能承担各种力学作用。因此，材料在施工中的方便性是十分重要的。

材料良好的施工性能表现在两方面：其一，使用该材料的施工过程简便易行，劳动强度低，易于工业化生产，因此也就可以大幅度的降低生产成本，降低工程造价。其二，材料施工中的质量稳定性高，不会由于现场的施工过程与不利的作业环境，导致严重的质量问题甚至事故，即材料的施工环境适应度较高。这是因为土木工程的施工环境与工厂中的精密仪器加工车间有所不同，没有环境适应度的材料在现场的施工质量难以保证。

七、结构材料的常规选择

从材料的选择原则与标准，现有的科学技术发展水平、经济条件与技术条件的限制，以及现阶段工程建设的实践中可以看出，符合上述条件的主要结构材料主要是钢材与混凝土材料。

（一）混凝土

混凝土是一种脆性材料，现代混凝土用水泥、水、砂子和碎石制成，需要与钢材联合工作才能保证其功效的发挥，常见的是钢筋混凝土结构、劲

性混凝土(劲性混凝土)结构。

1. 古代混凝土

古代水泥的主要成分是生石灰，由石灰石加热制成。在公元前2500年，已有石灰窑，但已知最早铺设强力混凝土的建筑建成约在公元前700年前的西亚。在伊拉克泽温保存至今的一条262m长的渡槽桥上，沿水道铺设了0.9m厚的混凝土层。

2. 钢筋混凝土

钢筋混凝土的最早使用者是法国花卉商莫尼尔。1867年，他用水泥覆盖角丝网制造水盆和花盆。随后他又把这个方法应用于制造横梁、楼板、管道和桥梁，接着取得在混凝土内放上纵横铁条的专利权，铁条承受张力而混凝土则承受压力，这一方法一直沿用至今。

3. 预应力混凝土

1886年德国建筑家多切林发明了预应力混凝土，法国的佛莱辛奈从1940年起进一步推进了这方面的研究。佛莱辛奈的设想是在混凝土未干时把钢筋张拉，使钢筋承受张力，混凝土凝固后，放松张力，这样就使混凝土在正常负荷下受拉的区域，因受压紧而承受预加压力。如果预加的压力大于来自重量以及荷载所产生的张力，混凝土就只受压力——可以避免裂缝的发生。预应力混凝土梁与同样承受荷载的钢筋混凝土梁相比，可少用钢筋和混凝土。

对于一些特殊的构筑物，由于自身的重量与特定的环境要求，如港口、道路、水坝等，混凝土材料为首选。

普通跨度的多层与高层结构多数采用混凝土结构，但随着层数的增加、跨度的加大，结构强度的效率(结构强度抵抗外荷载的比率)随着结构自重的增加而减小。因此，超高层与大跨结构多数选择钢结构，相对于混凝土来讲，相同的构件截面可以承担更大的荷载。

(二)钢材

钢材的受力塑性很好，是良好的建筑用材料，缺点是不耐火、不耐腐蚀，必须用防火涂料、防腐涂料涂刷表面才能作为结构材料使用，但现代的科技已经解决了防火与防腐的问题。

铁用作建筑材料已上千年,在中世纪的欧洲,人们已熟知铁的抗拉性能与木材的抗压性能,采用了最简单的,铁木组合的三角形构架。近 200 年来,物理、化学与冶金科学技术的发展,显著改善了铁材性能。18 世纪后叶,铸铁与熟铁出现,正式用作桥梁与房屋的结构材料。19 世纪上半叶,英、法两国大量生产型铁,当时铁价比木价还低廉,又具有杆件细、易架设、能防火等优点,为架桥、建塔、盖房提供了物质条件。随后,欧洲兴起一股取代笨重砖石结构与易燃木结构的铁建筑热潮。1855 年,开始采用贝氏酸性转炉炼钢;1860 年,英国又发明并开始大量生产廉价钢,使方兴未艾的铁建筑更增生气,如虎添翼。

在高度集中前人努力成果基础上,终于出现了被誉为“19 世纪三大建筑”的三座钢铁建筑物:1851 年伦敦首届国际博览会的水晶宫、1889 年巴黎国际博览会的机械馆和埃菲尔铁塔。这三座钢铁建筑物成为该时代的最高成就。百多年来,钢材发展更趋完善。因其匀质、各向同性、高强,既是理想弹性体,又具良好塑性,此外,钢结构实际受力状况与理论计算结果极其相符,所以钢材至今仍是效能最高、最理想、最安全可靠的结构材料,成为近、现代结构的柱石。

施工速度快,建筑有效空间大(构件截面小),也是采用钢结构的主要原因。但是钢结构不耐腐蚀,在高温下会迅速失去强度,这两点缺陷限制着钢材的大量使用。为了保证钢材的使用,需要采用特殊的处理,如涂刷防锈漆、防火涂料等。现代化学工业技术已经可以相对完善而经济地解决此类问题,使得钢结构可以大量应用于建筑工程。

除了钢与混凝土之外,常用的结构材料还有黏土砖、毛石、木材等,但这些材料与混凝土、钢材相比,均存在着各种不足,因此逐渐退出了人们的选择视野,仅在特定的工程中采用。

第二节　混凝土

一、混凝土概述

混凝土作为一种常见的建筑材料,在人们的日常生活中观察到的大多数建筑物，其主要结构材料往往全部或部分采用混凝土。混凝土是一种非常优秀的建筑材料，这不仅是因为它的价格相对低廉，可以直接使用，更重要的是，在设计过程中，它可以被塑造成各种不同的形态，以满足建筑师对建筑造型和曲线的独特需求。因此，混凝土已成为许多建筑师设计城市雕塑的首选材料。此外，混凝土还具有良好的耐火性和耐腐蚀性，在各种恶劣的环境中都能稳定使用。不过，混凝土的缺点也非常明显。与混凝土的固有强度相比，混凝土的自重也相对较大。因此，很多使用混凝土的建筑结构所承受的荷载实际上是其自身的重量，这一点在大跨度建筑中尤为明显。从效率角度分析，混凝土的承载能力相对较弱。

与此同时，混凝土在强度上有着先天的缺陷。

首先，相对于混凝土的较好承压能力来讲，其抗拉能力很弱，这在结构使用中可以说是致命的缺陷——荷载的不确定性，必然导致结构在微观状态下的受力也随之存在不确定性，不仅仅是受压，还要受拉。因此，必须在设计中考虑荷载与应力的复杂变化与规律，在可能受拉的部位配置能够抗拉的补充材料——多数情况下采用钢筋，但实际工程的复杂性有时会使得优秀的工程师在设计时也不能预见到所有状况。

其次，混凝土的强度具有极大的离散性与不稳定性，这与混凝土的成分与制作过程有关。混凝土是由骨料（石子与砂）、水泥凝胶（水与水泥的水化物）组成的混合物，由于施工与材料的原因，混凝土内部除了以上两种主要材料外，还有少量的未水化的水泥颗粒，游离的或结合在水泥凝胶表面的水分、气泡、杂质等。混凝土是组成不均匀的材料，不同构件的施工作业条件也存在巨大的差异，其力学性能必然体现出较大的离散性。因此，在设计中所采用的强度标准，在实践中不一定全部满足。

通过多年的研究与实践，现代的工程技术已经可以有效地控制混凝土的质量，并采用钢筋、钢纤维等材料改善混凝土的性能、弥补其缺陷。从现在的建筑工程材料发展来看，可以大范围取代混凝土的材料还没有出现。

二、混凝土的强度理论

作为离散性较大的材料，混凝土的强度较为复杂，同时，混凝土又是受压与受拉强度差异较大的材料，因而其强度测算更加复杂。

通常，对于混凝土的强度有以下几个标准：标识强度、设计使用强度、抗拉强度与特殊强度。

所谓标识强度，是指对于不同强度种类的混凝土进行强度标识的指标，是采用共同的标准对于不同的混凝土进行测试后所得出的指标。由于测试带有某种特定性，因此该指标不一定能够在实际设计中加以采用。

设计使用强度（又称设计强度，下同），是混凝土的设计强度，是考虑到实际工程中的受力状况所采用的强度指标，标识强度与设计强度均属于混凝土的抗压强度指标。

由于在某些特定条件下，混凝土的抗拉强度指标也很重要，如混凝土水池的抗裂性计算，因此对于混凝土来说也需要抗拉强度。与钢材有所不同，混凝土的抗拉强度极低，必须采用特定的措施才能够测量。

混凝土的特殊强度，是指混凝土在多重压力作用下的强度指标，即在多重压力作用下的材料的强度，以及与普通单轴压力作用下强度的相关关系。混凝土的特殊强度可以用于解释一些结构设计中的特定现象——局压破坏、螺旋箍筋与钢管混凝土等。

（一）立方抗压强度

立方抗压强度是混凝土的基本强度指标，是在特定的条件下使用特定的试验方法对于特定的混凝土进行测试所得出的混凝土强度指标。

试验过程：将标准试件放置在试验机上，当压力试验机压力较小时，试件表面无变化，但可以听到混凝土试件内部隐约的噼啪声，表明试件内部的微裂缝出现；随着压力试验机压力的增加，试件侧面中部开始出现竖向裂缝，并逐渐向上下底面延伸；逐渐地，中部的混凝土开始脱落，混凝土可以出现正、倒四角锥体相连的形态；如果再进一步的增加荷载，压力达到一定数量之后，正、倒四角锥体相连体的中部混凝土破碎，整个试件破坏。

按照我国的混凝土技术规范，立方抗压强度的定义与测算可以作如下描述：在标准的试验机上，以标准的实验方法，对于大量的、按照某一统一标准生产制作的混凝土标准试件进行压缩破坏，所得出的保证率为

95%的强度指标——f_{cm}。

该指标是确定不同混凝土强度等级的标准，我国混凝土强度等级确定为：C10、C15、C20、C25、C30、C35、C40、C50、C60 等常用标准，以及C65、C70、C75、C80 等高强混凝土标准。C20 的含义是：该混凝土的特征强度为 20N/mm^2。

在这个描述中，几个“标准”是非常重要的，影响着试验的结果。

1. 标准试验机

所谓标准试验机，是指用来压缩试块的试验机的基本指标，重点在于试块上下两端的压板。

压板的刚度是重要的指标，压板的刚度过小，会使得在试验过程中压板变形过大，在试块破坏时压板变形恢复量大，而加快试件的破坏。

压板与试件接触面的摩擦系数也十分关键，根据力学的一般原则，受压构件会产生侧向尺度的膨胀，如果摩擦系数较大，压板会在试件的压缩过程中，对于试件的上下两端形成强大的、防止试件侧向扩展的约束作用，即形成约束试件上下边缘侧向变形，形成类似环箍的作用，称为“环箍效应”，这种约束可以有效约束混凝土端部裂缝的出现与开展，延缓试件的破坏。在标准试验机上，由于摩擦的约束作用，试件受压破坏的结果是形成两个类似的四角锥，相对放置的情形，即上下端没有或少量破坏，中部破坏较大。当对于试件与压板进行润滑处理后，原有的摩擦力减小，对于端部的环箍效应减弱或消失，试件均匀破坏。

2. 标准的实验方法

所谓标准实验方法是指试验机的加荷速度，即试验机加荷速度为0.3～0.5Mpa/s(C30 以下试件)，0.5～0.8Mpa/s(C30 及以上试件)。这是因为混凝土的破坏实质上是混凝土内部裂缝开展的累积结果，裂缝开展的速度与荷载增加速度的关系也就十分重要。如果荷载的增加速度快于试件内部破坏裂缝开展的速度，会使得试验结果偏高；反之，如果荷载的增加速度慢于试件内部破坏裂缝开展的速度，在加荷的过程中混凝土试件内部的微裂缝会充分地开展，将会导致试件承载结果偏低。

3. 标准试件

标准试件是指试件的尺度与养护状况。我国规范所确定的标准试件的尺度为150mm边长的立方体，养护状况为标准状况20±3℃，90%相对湿度，标准大气压养护28天。

当试件的形状与尺度不同时，所得的试验结果也必然存在较大的差异。从尺度来看，较大尺度的试件所测得的结果偏低，其原因在于较大的尺度会导致边界的“环箍效应”影响区域相对降低；相反，较小的尺度会形成试件的试验结果稍高的情况。

不同的形状也会形成受力破坏的不同，我国采用立方体试件，制作简单方便，虽然在受力上不均匀，但经过多年的调整与积累，已经形成了完整的测试理论与修正方法。

另外，混凝土是逐渐生成强度的材料，是水泥与水逐渐水化、固化并与石子、砂子共同形成强度的材料，因此其强度的形成过程在不同的条件下是不同的，在不同的时间也是不同的。规定混凝土的养护条件与时间，就是为了对混凝土的强度形成过程加以标准化与量化。在不同环境条件下（特别是温度条件）不同养护时间的混凝土试件的强度增长状况，同时也可以看出，混凝土在标准状况下28天的强度指标并不是其最高强度指标，仅是一个特征指标，在28天之后，混凝土强度仍然会有缓慢的增长，有时甚至会持续几年。

4. 统一标准

统一标准是指接受同一批次试验的试件的混凝土配合比与组成材料的成分相同，就是使用相同来源的原材料与相同的配合比。采用不同原材料，按不同配合比可以设计出相同的强度等级的混凝土，但不能作为同一组试件进行试验。

在这样的实验前提条件下，由于混凝土自身的离散性特点，大量的混凝土试件的收压破坏强度也表现出较大的离散性，当某一指标能够使混凝土试验强度的95%均大于该指标时，则该指标为相应制作标准的混凝土的立方抗压强度。

在该试验中，经过若干次的，针对同一标准的混凝土试件的相同试验，得出若干个不同的试验强度，并在坐标图中表示出来。当采用某一强度指标来衡量这组试验数届时，如果95%的数据指标高于所选定的强度指标，则该强度指标为该组试件的特征强度，即标准强度。

如果采用不同的保证率来衡量同一标准所生产的试件，则强度等级有所不同，提高保证率会导致强度等级降低，而降低保证率会得到较高的强度等级。因此可以说，强度等级是与保证率相关的概念，是统计结果，并不代表着具体试件或构件的强度状况，按照低标准生产的个别试件与构件的强度等级，有可能达到较高的标准；同样，按照高标准生产的个别试件与构件的强度等级，也有可能达不到较高的标准，从而逐一失效。

因此，对于混凝土的强度的理解可以归纳为：

(1)混凝土的强度是指某一类混凝土的统计指标，单一的具体试件的强度指标与统计指标没有直接相关关系。

(2)以该指标来衡量某一类混凝土的强度，可以达到95%的保证率，即95%的试件强度均高于该指标，以该指标进行强度设计是相对安全的。

(3)对于同一组试件的试验结果，按照不同的保证率要求，所得到的特征强度是不同的。

(4)不排除较低强度等级的试件，在试验中可能达到较高的强度指标，但不能说明该试件的强度指标就是高强度等级的。

由于边界效应的影响，立方抗压强度指标较高，不能作为实际结构中的混凝土强度指标，一般仅用于判断混凝土的强度等级，实用价值并不大。

(二)轴心抗压强度

由于压力试验机压板对于试件的边界约束影响区域有限，当立方抗压强度试件的高度增加时，试件中部所受的影响逐渐减小，试件受压破坏的强度指标逐渐降低。在试验中人们发现，当试件高度增加至宽度的3倍以上时，试件的强度指标不再降低，而是趋于稳定，说明此时试件中部受压破坏截面已经不再受边界约束的影响，其破坏体现出混凝土材料本身的破坏强度。

因此，在我国《混凝土结构设计规范》中，将此时的混凝土试件受压强度称为轴心抗压强度，也叫作混凝土的棱柱体抗压强度。轴心抗压强度可以被作为混凝土构件受压设计的强度指标。

(三)抗拉强度

与受压强度相比,混凝土的抗拉强度很低,虽然有一定的强度,但一般不作为计算依据。在实际结构设计中,凡是混凝土的受拉区均配有钢筋来承担拉应力,故一般也不考虑混凝土的抗拉强度。在拉力的作用下,混凝土是开裂的,钢筋混凝土是带裂缝工作的。

但是对于特殊建筑物,如抗渗性要求较高的水池、地下室的外墙等,混凝土的抗裂性的高低是保证不发生渗漏的主要因素,此时特别需要使用混凝土的受拉强度进行抗裂计算。

混凝土抗拉强度的试验测定一般采用两种方法来进行:标准受拉试验与劈拉试验。

标准受拉试验所测得的强度指标为混凝土的抗拉强度,但是这样的试验方式受钢筋的影响很大,对于试件的尺度与精确度要求很高,试验困难程度高。因此在工程中经常采用力学折算方式来进行抗拉强度的试验测定,具体方式是:从弹性力学的基本原理出发,设定试验方法,取立方体或圆柱体混凝土试件,当压力达到一定的数值后,在试件的中心部位会形成侧向拉力并将混凝土拉裂。根据力学原理,可以折算出核心拉力与上下压板压力的相关关系,即可以从压力的实测数值折算出混凝土的抗拉强度。

(四)复合受力强度

在实际结构中,由于受弯矩、剪力、扭矩等多种外力的作用,混凝土经常不处于简单的单轴应力状态,而受多种应力的组合作用,混凝土构件中的受力混凝土单元体也会处于多维应力的作用下。另外,在实际工程中,混凝土还经常处于局部受力状态,如混凝土或钢柱作用于混凝土基础上,形成对混凝土基础的较高的局部压力,如果简单地从混凝土普通强度的角度,是难以解释的。

从常识中可以知道,各方面均受压的密实物体是不会受压破坏的。如一个密实的钢球,虽置于大洋的底部,受巨大的水压作用,钢球并不会破坏,甚至连形状也不会有任何改变,其原因在于各个方向的压力作用完全相同。也就是说，当内部致密的材料受到各个方向完全相同的压力作用下，材料会体现出很高的受压强度，理论上是无穷大的。

对于实际的工程材料，混凝土材料也是如此，在受压的同时有侧向压力的作用，该侧向压力会延缓纵向受压所形成裂缝的出现与开展，促使纵向受压强度在一定范围内有效提高；反之，侧向拉力会使纵向受压裂缝的开展加快，促使纵向受压强度明显降低。

在工程中，对于混凝土的多维强度的应用是很广泛的，不仅是局压问题的解释，而且还有实际的工程构件与结构，如螺旋箍筋与钢管混凝土。

螺旋箍筋是圆形或多边形钢筋混凝土轴心受压柱经常采用的一种配筋方式，该钢筋的主要作用不在于承担普通箍筋所承担的剪力，而是对于其内部的核心混凝土形成有效的侧向压力，提高混凝土的抗压能力。

钢管混凝土是在钢管中灌注混凝土，形成内部是混凝土外部是钢管的钢管混凝土构件。在实际结构中，该结构主要用于轴心受压构件，如高层建筑底层的柱、拱桥的主拱、地下结构的主柱等。使用钢管混凝土结构，不仅可以有效地减小原来使用钢筋混凝土的构件的截面，还可以有效提高构件的延续性，使结构具有良好的抗震性能。

三、混凝土的变形理论

混凝土在外荷载的短期作用下会发生变形，其变形的组成包括：材料的弹性变形，该变形在外力去除后可以恢复；水泥胶体（水泥与水的水化物）的塑性变形，该变形在外力去除后不可以恢复，但不会形成混凝土的破坏；微裂缝的开展所体现的宏观变形，虽没有形成宏观破坏，但不可以恢复，是混凝土最终破坏基本原因。短期外荷载与变形呈相关关系，荷载越大，变形越大，塑性体现得越发明显。

混凝土在外荷载长期作用下，会发生徐变现象。除了应力变形之外，混凝土在凝结硬化过程中也会发生非应力变形。

（一）混凝土的长期荷载变形

混凝土在长期的高荷载作用下会发生徐变（指混凝土在长期的、不变的、较高的荷载作用下，其变形随时间的增长而增加的现象）。徐变会使混凝土梁挠度增加，柱偏心增大，预应力结构的预应力损失，结构受力状况改变，以及内力重分布。

徐变在受力的早期发展迅速，随时间的推移，发展速度逐渐减小，最终徐变量趋于稳定。当外力撤除后，构件会形成瞬时回缩。

混凝土产生徐变的原因在于，混凝土内部水泥与水的水化物（水泥胶体）在高应力状态下的塑性流动（水泥胶体在高应力状态下其形状会在一定范围内逐渐发生改变）。这种微观状态下的形体改变会随着时间的推移，逐步累积形成宏观上变形表现；另外，混凝土受力后，其内部也同时产生了大量的不可恢复的细小裂缝，但是由于荷载并没有达到混凝土的临界破坏荷载，因此细小裂缝形成后，逐渐稳定并不再继续开展成为破坏性裂缝，细小的微观状态的裂缝也会在宏观上形成变形。

从混凝土徐变的原因分析可以知道，控制水泥胶体的流动、控制微观裂缝的开展是控制徐变的主要方法。在保证施工和易性与混凝土强度的基础上，增强混凝土的密实度，减少水泥胶体在混凝土中的含量，可以有效减小徐变。

因此，对于徐变宜从以下几方面进行。

首先，控制并减小水泥胶体在混凝土内部的总体积，采用减水剂可以在混凝土强度与坍落度不变的前提下有效减少水泥用量，进而减少水泥胶体的含量，也可以降低水灰比，减少水的用量，从而减少混凝土形成强度后其内部游离水的含量，减少裂缝发生的可能性。

其次，良好的砂石骨料及配备可以有效地形成混凝土内部较高的骨料密实度与骨架结构，不仅可以减少水泥胶体的体积，更可以抵抗水泥胶体的塑性流动。

最后，施工中的振捣可以提高混凝土的密实度而减少水泥胶体的体积，从而不仅可以减少发生徐变的物质基础，更可以由于骨料的密实度提高而减少水泥胶体的塑性流动，进而抵抗徐变的发生。

除此之外，控制并减少混凝土内部微观裂缝的数量，也是减小徐变所必需的，所采用的方法一般为：采用减水剂可以有效减少水的用量，减少多余水分蒸发所产生的毛细孔隙以及混凝土内部游离水分所形成的空洞，这些都是混凝土受力后产生应力集中的环节，因而也是裂缝开展的基础；配置相应的钢筋，可以有效改善混凝土内部微观的受力状况，约束混凝土裂缝的开展；良好的养护可以使混凝土内部形成良好均匀的强度状态，对于减少徐变也有极大的作用。

（二）混凝土非受力变形

混凝土的非受力变形也被称为非应力变形，即在混凝土非受力状态下所发生的变形，该变形与混凝土的受力无关，而与混凝土的内部材料组成有关，主要是水泥胶体。

混凝土的非应力变形主要发生在混凝土的凝结硬化过程中，混凝土会发生体积的自然变化，一般表现为收缩。混凝土的收缩主要源于两方面，一种是干缩，是由于混凝土内部水分大量并短时间内的迅速蒸发失水所导致的体积减小，其表现犹如干涸的泥塘；另一种是凝缩，是水泥与水在凝结成胶体的过程中发生收缩，凝结硬化后的水泥胶体的体积要小于原混凝土的体积。这两种收缩均是混凝土在空气中凝结硬化所发生的，如果混凝土在水中凝结硬化，体积会略有膨胀。

减小徐变的方法对于减少收缩也是十分有效的，特别是加强混凝土的养护。另外，在混凝土的配料中加入膨胀剂，可以使其在凝结硬化过程中产生膨胀来抵偿收缩。

第三节　建筑用钢材

一、钢材综述

钢是以铁为基础，以碳为主要添加元素的合金，同时伴随有其他改善钢材性质的元素以及不良杂质。随着钢材成分的不同，钢材的性能有很大差异。

钢材被认为是一种优秀的建筑材料。与混凝土和木材相比，虽然钢材的质量密度较高，但其设计强度却远高于混凝土和木材。此外，钢材质地均匀、各向同性、弹性模量高、塑性和韧性好，是理想的弹塑性体，具有良好的延展性，因此在抗震和抗动荷载方面表现优异。目前使用的计算方法和基本理论与钢材基本一致，这使得进行各种力学计算和推导更加方便。

由于钢材的质量密度与其屈服点的比值相对较低，在保持相同承载力的前提下，钢结构的截面比钢筋混凝土结构或木结构的截面小，重量轻，更便于运输和安装；钢结构的生产具有批量生产、精度高的特点，可以采用工厂化制造或现场安装的方式施工。因此，其生产范围广，有利于缩短施工时间，为降低成本、提高经济效益创造有利条件，从而更有效地节约资金和时间。对于商业建筑而言，这种方式更有利于其提前进入市场，从而提高生产效率。

钢材的强度高、承载力大而自重相对轻，因此钢结构有效空间较大，不仅仅是平面空间的有效率（可利用面积/建筑总面积）较高，而且可以在建筑有效使用高度不降低的情况下，降低层高，进而在建筑物总高度不降低、建筑物使用空间满足的情况下，增加建筑物的层数，提供更多的使用面积。

另外，钢结构的构件截面是空腹的，可以为各种管道提供大量的空间，减少对于建筑空间的占用，并可以保证维修的方便。

钢结构不只是施工简便，拆卸也同样简单，拆解后的钢材能够有效地回收再利用，因此，钢结构是一种非常环保的结构体系，钢材是一种非常好的环保材料。

钢材可以经过焊接施工进行连接，由于焊接结构可以做到完全密封，一些要求气密性和水密性好的高压容器、大型油库、气柜、管道等板壳结构都采用钢结构。

将钢材制作成钢筋，置于混凝土的受拉区，形成钢筋混凝土，可以有效改善混凝土受拉不足的特点，发挥混凝土受压强度相对较高的优势，形成对于材料的合理利用。

钢材的缺点在于不耐火，当温度在 250℃以内时，钢的物理力学性质变化很小，但当温度达到 300℃以上，强度逐渐下降，达到 450～650℃时，强度降为零。因此，钢结构可用于温度不高于 250℃的场合。在自身有特殊防火要求的建筑中，钢结构必须用耐火材料予以维护。当防火设计不当或者当防火层处于破坏的状况下，将有可能产生灾难性的后果。

钢结构抗腐蚀性较差，新建造的钢结构一般都需仔细除锈、镀锌或刷涂料，以后隔一定时间又要重新刷涂料，维护费用较高。目前国内外正在发展不易锈蚀的耐候钢，可大量节省维护费用，但还未能广泛采用。

无论是结构性能、使用功能及经济效益上，钢结构都有一定优越性。

二、钢材的成分与一般分类

（一）钢材的成分分析

钢的基本元素为铁（Fe）。此外，还有碳（C）、硅（Si）、锰（Mn）等杂质元素，及硫（S）、磷（P）、氧（O）、氮（N）等有害元素，这些元素总含量很少，但对钢材力学性能却有很大的影响。

钢与生铁的区分在于含碳量的大小。含碳量小于2.06％的铁碳合金称为钢，含碳量大于2.06％的铁碳合金称为生铁。

对于钢材中的各种添加元素来讲，碳是除铁以外最主要的元素。碳含量增加，使钢材强度提高，塑性、韧性，特别是低温冲击韧性下降，同时耐腐蚀性、疲劳强度和冷弯性能也显著下降，恶化钢材可焊性，增加低温脆断的危险性。一般建筑用钢要求含碳量在0.22％以下，焊接结构中应限制在0.20％以下。

硅：作为脱氧剂加入普通碳素钢。适量硅可提高钢材的强度，而对塑性、冲击韧性、冷弯性能及可焊性无显著的不良影响。一般镇静钢的含硅量为0.10％～0.30％，含量过高（达1％），会降低钢材塑性、冲击韧性、抗锈性和可焊性。

锰：是一种弱脱氧剂。适量的锰可有效提高钢材强度，消除硫、氧对钢材的热脆影响，改善钢材热加工性能，并改善钢材的冷脆倾向，同时不显著降低钢材的塑性、冲击韧性。普通碳素钢中锰的含量约为0.3％～0.8％。含量过高（达1.0％～1.5％以上）使钢材变脆变硬，并降低钢材的抗锈性和可焊性。

硫：有害元素。硫会引起钢材热脆，降低钢材的塑性、冲击韧性、疲劳强度和抗锈性等。一般建筑用钢含硫量要求不超过0.055%，在焊接结构中应不超过0.050%。

磷：有害元素。虽可提高强度、抗锈性，但严重降低塑性、冲击韧性、冷弯性能和可焊性，尤其在低温时易使钢发生冷脆，含量需严格控制，一般不超过0.050%，焊接结构中不超过0.045%。

氧：有害元素，会引起热脆。一般要求含量小于0.05%。

氮：能使钢材强化，但显著降低钢材塑性、韧性、可焊性和冷弯性能，增加时效倾向和冷脆性。一般要求含量小于0.008%。

为改善钢材力学性能，可适量增加锰、硅含量，还可掺入一定数量的铬、镍、铜、钒、钛、铌等合金元素，炼成合金钢。钢结构常用合金钢中合金元素含量较少，称为普通低合金钢。

（二）钢材的分类

如果按照钢材的化学成分将钢材分类，可以将钢材简单地分为碳素钢与合金钢两类。

其中碳素钢中又可分为：低碳钢，含碳量小于0.25%；中碳钢，含碳量为0.25%～0.60%；高碳钢，含碳量高于0.60%。

合金钢可以分为：低合金钢，合金元素总含量小于5.0%；中合金钢，合金元素总含量为5.0%～10%；高合金钢，合金元素总含量大于10%。

建筑工程中，钢结构用钢和钢筋混凝土结构用钢，主要使用非合金钢中的低碳钢，及低合金钢加工成的产品，合金钢亦有少量应用。

如果按脱氧程度划分钢材的类别，可以分为沸腾钢、镇静钢和半镇静钢。

沸腾钢是脱氧不完全的钢，浇铸后在钢液冷却时有大量一氧化碳气体外溢，引起钢液剧烈沸腾。沸腾钢内部杂质和夹杂物多，化学成分和力学性能不够均匀、强度低、冲击韧性和可焊性差，但生产成本低，可用于一般地建筑结构。而镇静钢是指在浇铸时，钢液平静地冷却凝固，基本无一氧化碳气泡产生，是脱氧较完全的钢。钢质均匀密实，品质好，但成本高。镇静钢可用于承受冲击荷载的重要结构。脱氧程度与质量介于镇静钢和沸腾钢之间的钢，称为半镇静钢，其质量较好。此外，还有比镇静钢脱氧程度还要充分彻底的钢，其质量最好，称特殊镇静钢，通常用于特别重要的结构工程。

如果按照钢材在结构中的使用方式，还可以将钢材分为钢结构用钢与混凝土结构用钢。

钢结构用钢多为型材——热轧成形的钢板和型钢等；薄壁轻型钢结构中主要采用薄壁型钢、圆钢和小角钢；钢材所用的母材主要是普通碳素结构钢及低合金高强度结构钢。钢结构用钢有热轧型钢、冷弯薄壁型钢、棒材、钢管和板材。

钢筋混凝土结构用钢多为线材（钢筋）。混凝土具有较高的抗压强度，但抗拉强度很低。用钢筋增强混凝土，可大大扩展混凝土的应用范围，而混凝土又对钢筋起保护作用。钢筋混凝土结构的钢筋，主要由碳素结构钢和优质碳素钢制成，包括有热轧钢筋、冷拔钢丝和冷轧带肋钢筋、预应力混凝土用热处理钢筋、预应力混凝土用钢丝和钢绞线。

（三）钢材的牌号

国家标准《碳素结构钢》（GB700－88）中规定，牌号由代表屈服点的字母、屈服点数值、质量等级符号、脱氧方法等四部分按顺序组成。其中以“Q”代表屈服点；屈服点数值共分 195MPa、215MPa、235MPa、255MPa 和 275MPa 五种。

Q195——强度不高，塑性、韧性、加工性能与焊接性能较好，主要用于轧制薄板和盘条等。

Q215——与 Q195 钢基本相同，其强度稍高，大量用作管坯、螺栓等。

Q235——强度适中，有良好的承载性，又具有较好的塑性和韧性，可焊性和可加工性也较好，是钢结构常用的牌号，大量制作成钢筋、型钢和钢板，用于建造房屋和桥梁等。Q235 良好的塑性可保证钢结构在超载、冲击、焊接、温度应力等不利因素作用下的安全性，因而 Q235 能满足一般钢结构用钢的要求。

Q255——强度高、塑性和韧性稍差，不易冷弯加工，可焊性较差，主要用作铆接或栓接结构，以及钢筋混凝土的配筋。

Q275——强度、硬度较高，耐磨性较好，但塑性、冲击韧性和可焊性差，不宜在建筑结构中使用，主要用于制造轴类、农具、耐磨零件和垫板等。

钢材的牌号中同样要表示出该钢材的质量状况，质量等级以硫、磷等杂质含量由多到少，分别为 A、B、C、D 符号表示，随着牌号的增大，其含碳量增加，强度提高，塑性和韧性降低，冷弯性能逐渐变差。

同一钢号内质量等级越高，钢材的质量越好。例如：

Q235－A 一般用于只承受静荷载作用的钢结构。

Q235－B 适合用于承受动荷载焊接的普通钢结构。

Q235－C 适合用于承受动荷载焊接的重要钢结构。

Q235－D 适合用于低温环境使用的承受动荷载焊接的重要钢结构。

脱氧方法以 F 表示沸腾钢，B 表示半镇静钢，Z、TZ 表示镇静钢和特殊镇静钢，Z 和 TZ 在钢的牌号中予以省略。

例如：Q235－A・F 表示屈服点为 235Mpa 的 A 级沸腾钢。

低合金高强度结构钢的牌号表示方法为：屈服强度＋质量等级。它以屈服强度划分成五个等级：Q295、Q345、Q390、Q420、Q460，质量也分为五个等级：E、D、C、B、A。

国家标准《低合金高强度结构钢》(GB1591－94)规定了各牌号的低合金高强度结构钢的化学成分、力学性能。由于合金元素的强化作用，使低合金结构钢不但具有较高的强度，且具有较好的塑性、韧性和可焊性。低合金高强度结构钢广泛应用于钢结构和钢筋混凝土结构中，特别是大型结构、重型结构、大跨度结构、高层建筑、桥梁工程、承受动力荷载和冲击荷载的结构。

第四节　结构用其他材料

除了常见的钢筋和混凝土，常见的建筑材料还包括木材、砖体材料和结构铝合金。虽然木材在我国已得到广泛应用，但由于我国森林资源十分有限，使用木材作为建筑材料既不符合成本效益，也不利于环境保护。砌筑材料主要包括砖、砌块和石材等。这些材料都属于脆性材料，因此形成的砌体结构也属于脆性结构。同时，由于砌体结构施工劳动量大、强度高，已逐渐被淘汰。铝合金结构材料的应用方兴未艾，铝合金因其重量轻、比强度高等优点，随着科技的进步，正逐渐被应用于大跨度建筑结构中。

一、木材

木材是最古老的天然结构材料，可在林区就地取材，制作简单。但受自然条件所限，木材生长缓慢。我国木材产量太少，远不能满足建设需要，供应奇缺，故应特别注意节约，不宜作为结构材料大量采用。

木材质轻，其强度虽不及钢材，但抗拉、抗压强度都相当高，比混凝土完备；其比强度比砖、石、混凝土等脆性材料高很多。然而，一些天然缺陷却成其致命弱点：节疤、裂缝、翘曲及斜纹等天然疵病不可避免，且直接影响木材强度，影响程度取决于缺陷的大小、数量及所在部位。根据木材缺陷多少的实际情况，国家有关技术规范将承重结构木材分成三个等级。近年来，国外采用的胶合叠层木料已将木材缺陷减少到极低限度。该种木料的制作方法是把经过严格选择并加工成厚度≤5cm 的整齐薄板，分层叠合成所需截面形状；用合成树脂胶可黏合成整体。该种木料可用作梁、拱等构件。

木材的纤维状组织使其成为典型的各向异性材料，其强度与变形随受力方向而变。除受剪强度外，顺纹强度都远大于横纹强度。比如，顺纹受压强度约为横纹受压强度的 10 倍，而顺纹抗剪比横纹抗剪值小得多。故木材宜顺纹抗拉压，而不宜顺纹抗剪。胶合板是把各层木纹方向正交的薄木片靠塑胶加压黏合起来，以补救各向异性的缺点，从而获得具有各向相当均匀强度。

木材力学性能的一个显著缺陷是其弹性模量与实际强度不匹配，这导致其强度高但抗变形能力弱。虽然其变形范围较大，但性能优于铝合金。因此，木梁主要受挠度影响，在损坏前会有明显的变形。为了最大限度地提高其抗性，建议将其用作轻荷载的大跨度梁，并确保其截面设计成垂直板状。

木材的强度与其弹性模量和使用时间密切相关。在持续荷载作用下,木材的强度会降低,木材的含水率也会增加。因此,普通老式木结构房屋的屋顶往往有明显的波浪。一些底层木地板梁的弯曲也非常明显。从这一点来看,木结构在防潮和通风方面的重要性不言而喻。

木材的含水率对其强度和正数有很大影响,它不仅是开裂和翘曲的主要原因,还为木腐菌和白蚁提供了生存和繁殖的环境。因此,在开始制作木材之前,应让木材自然风干或人工干燥,以达到木材脱水干燥的目的。木材干燥后,会从大气中吸取水分,因此为了确保木材在通风干燥的环境中生长,结构中还需要加入防潮措施。

木材强度的影响因素主要有:含水率、环境温度、负荷时间、表观密度、疵病等。木材作为土木工程材料,缺点还有易腐朽、虫蛀和燃烧,这些缺点大大地缩短了木材的使用寿命,并限制了它的应用范围。采取措施来提高木材的耐久性,对木材的合理使用具有十分重要的意义。

木材的木料可分为针叶树和阔叶树两大类。大部分针叶树理直、木质较软、易加工、变形小,建筑上广泛用作承重构件和装修材料,如杉树、松树等。大部分阔叶树质密、木质较硬、加工较难、易翘裂、纹理美观,适用于室内装修,如水曲柳、核桃木等。

二、砌体材料

(一)砌体材料及其基本特征

砌体材料主要是砖、砌块、石材等。

砖是指砌筑用的人造小型块材。外形多为直角六面体,其长度不超过 365mm,宽度不超过 240mm,高度不超过 115mm。此外,也有各种异形。

常用砖有烧结普通砖、蒸压灰砂砖、烧结空心砖等。

凡通过焙烧而得的普通砖,称为烧结普通砖,又称为黏土砖。黏土砖耗用大量农田,且生产中会逸放氟、硫等有害气体,能耗高,需限制生产并将之逐步淘汰,不少城市已经禁止使用。

蒸压灰砂砖是以石灰和砂为主要原料,允许掺入颜料和掺加剂,经坯料制备、压机成型、蒸压养护而成的实心灰砂砖。灰砂砖不得用于长期受热 20℃以上、受急冷急热和有酸性介质侵蚀的建筑部位。

烧结空心砖是以黏土、页岩或煤矸石为主要原料经焙烧而成的顶面有孔洞的砖(孔的尺寸大而数量少,其孔洞率一般可达 15%以上),用于非承重部位。

石材是最古老的土木工程材料之一,藏量丰富,分布很广,便于就地取材,坚固耐用,广泛用于砌墙和造桥。世界上许多古建筑都是由石材砌筑而成,不少古石建筑至今仍保存完好。例如,属全国重点保护文物的赵州桥就是以石材砌筑而成。但天然石材加工困难,自重大,开采和运输不够方便。

砌体材料依靠黏结材料的作用形成整体受力体系,黏结材料主要是砂浆,水泥砂浆或水泥石灰混合砂浆。因此,砌块质量、砂浆质量与砌筑的工艺质量是影响砌体强度的主要因素。与混凝土相比,砌体结构的离散性更大,整体性更差。

(二)砌体材料的选用

首先,结构采用砌体材料,应因地制宜、就地取材,尽量选用当地性能良好的块体和砂浆材料。材料应具有较好的耐久性,即长期使用过程中仍具有足够的承载力和正常使用的性能,一般经质量检验的块体具有良好的耐久性。

其次,结构采用砌体材料,应区别对待,便于施工。例如,多层砌体房屋的上部几层受力较小,可选用强度等级较低的材料,下部几层则应采用强度较高的材料。一般以分别采用不同强度等级的砂浆较为可行,但变化也不应过多,以免施工时疏忽造成差错。

最后,应考虑建筑物的使用性质和所处的环境因素。比如,地面以上和地面以下墙体的周围环境截然不同。地表以下地基土含水量大,含有各种化学成分物质,基础墙体一旦损坏则难以修复,从长期使用的要求出发,应该采用耐久性较好和化学稳定性较强的材料,同时要采取措施隔断地下潮湿环境对上部墙体的影响(如设置防潮层)。

另外,砌体的有关规范规定,五层或五层以上房屋的墙以及受震动或层高大于 6m 的墙、柱所用材料的最低强度等级要求为:砖 MU10,砌块 MU7.5,石材 MU30,砂浆 M5。

(三)砌体材料的应用

砌体材料多数仅用来作为墙体材料,以发挥其承压能力较强的特点。其与木结构或钢筋混凝土等结构形成的水平跨度体系共同形成房屋结构,但也有直接使用砌体材料形成跨度结构的建筑物与构筑物,所利用的是拱的原理,如我国古代的赵州桥。

河北赵州石桥建于 1300 多年前的隋代,桥长约 51m,净跨 37m。拱圈的宽度在拱顶为 9m,在拱脚处为 9.6m。建造该桥的石材为石灰岩,石质的抗压强度非常高(约为 100MPa)。

三、结构铝合金材料

人类使用的金属中,原料资源最丰富的是铝。地球上有一半地壳藏有铝矿,其含量占地壳重量的 8%。仅地壳表面铝矾土蕴藏量就可使用 300 年,若加上下层黏土中更丰富的蕴藏量,真可谓取之不尽,用之不竭。然而在 19 世纪时,铝还是一种稀有金属。

纯铝质地极软且富有延展性,其抗拉极限强度较低,因之必须掺入锰、硅、锌、铜等一种或数种元素,并进行热处理或冷加工后,才可成为具有结构所需强度的铝合金。铝合金的力学性能与钢接近,在轻质高强日益成为结构材料主要考虑因素趋势中,铝合金地位日显,在国外已用作结构材料。目前,我国铝合金价格比钢贵得多,故多用作建筑部件、装饰材料、轻质隔墙与吊顶的龙骨等,尚未用于结构。近年来我国陆续探明了分布面广、蕴藏量极其丰富的铝矾土资源,为开发应用铝合金提供了广阔前景。不久的将来,必然会在建筑结构中见到铝合金的应用。

较之普通钢结构和不锈钢结构,铝合金结构具有不可比拟的优点。

第一,重量更轻、强度较高,因此可以减轻建筑物的总重量。

第二,外观好,有与不锈钢材料及其他金属材料截然不同的光泽与质感,几乎可以免除装饰装修过程,而造价又低于不锈钢结构。

第三,耐腐蚀性能好、免维护,尤其适用于一些在较强腐蚀环境下服役的建筑结构，如游泳场馆、化工行业和煤炭行业的厂房和仓库、海洋气候条件下的结构物等。

第四，有利于环境保护。铝易回收，再处理成本低，再利用率高，回收剩余价值高。

第五，无磁，适用于航天航空、天文台及雷达站等有特殊要求的场合。

轻质高强是铝合金主要优异特点。其重度约为钢的 1/3，而其强度仅比钢略低；其比强几乎是钢的 3 倍，故其结构自重比钢还轻；且铝合金无低温冷脆性，反而强度提高。因此，与重质钢材相比，铝合金经济价值更高，应用范围更广。

铝合金的最大弱点是弹性模量较低，只有钢的 1/3，与其高强度极不适应。强度高而抗变形能力太低，致使在相同情况下，铝合金杆件的变形是钢杆的 3 倍。铝合金梁都受挠度控制，而其应力远低于其强度，没有充分发挥作用。所以，铝合不宜作为对于变形较为敏感的受弯构件，更适于作为拉压构件。

虽然铝合金本身价格虽远比钢贵，但其耗用量较少，而其加工、运输、安装以及支承结构等各方面都决定于其结构用量，所以就其结构总造价而言，常常比钢贵不了多少。

虽然铝合金材料多数被用于装饰装修领域，但由于铝合金的特殊性能是很多结构材料所没有的，因此在近几年，铝合金作为结构材料，正逐步走进人们的视野。近几十年来，随着冶金技术的不断提高，科学研究工作的不断深入，铝合金在全世界范围内，特别是在发达国家被大量应用，出现了铝结构桥、铝穹顶结构、铝网架结构、全铝汽车等。在我国的建筑结构领域，铝合金主要应用于网架、穹顶以及特殊结构中。

第七章 框架结构设计

第一节 框架结构内力的近似计算方法

一、框架结构的计算简图

框架结构一般有按空间结构分析和简化成平面结构分析两种方法。借助计算机编制程序进行分析时，常常采用空间结构分析模型，但在初步设计阶段，为确定结构布置方案或估算构件截面尺寸，还需要一些简单的近似计算方法，这时常常采用简化的平面结构分析模型，以便既快又省地解决问题。

（一）计算单元

一般情况下，框架结构是一个空间受力体系，但在简化成平面结构模型分析时，为方便起见，常常忽略结构纵向和横向之间的空间联系，忽略各构件的抗扭作用，将框架简化为纵向平面框架和横向平面框架分别进行分析计算。由于通常横向空间的间距相同，作用于各横向框架上的荷载相同，框架的抗侧刚度相同，因此，除端部框架外，各榀横向框架产生的内力和变形近似，结构设计时可选取其中一榀有代表性的横向框架进行分析，而作用于纵向框架上的荷载则各不相同，必要时应分别进行计算。

（二）节点的简化

框架节点一般总是三向受力，但当按平面框架进行分析时，节点也相应地简化。框架节点可简化为刚接节点、铰接节点和半铰接节点，这要根据施工方案和构造措施确定。在现浇钢筋混凝土结构中，梁柱内的纵向受力钢筋将穿过节点或锚入节点区，一般应简化为刚接节点。

装配式框架结构是在梁和柱子的某些部位预埋钢板，安装就位后再焊接起来，由于钢板在其自身平面外的刚度很小，同时，焊接质量随机性很大，难以保证结构受力后梁柱间没有相对转动，因此常把这类节点简化为铰接节点或半铰接节点。

装配整体式框架结构梁柱节点中，一般梁底的钢筋可为焊接、搭接或预埋钢板焊接，梁顶钢筋则必须采用焊接或通长布置，并现浇部分混凝土。节点左右梁端均可有效地传递弯矩，可认为是刚接节点。这种节点的刚性不如现浇框架好，节点处梁端的实际负弯矩要小于计算值。

（三）跨度与计算高度的确定

在结构计算简图中，杆件用其轴线表示。框架梁的跨度即取柱子轴线间的距离，当上下层柱截面尺寸变化时，一般以最小截面的形心线来确定。柱子的计算高度，除底层外取各层层高，底层柱则从基础顶面算起。

对于倾斜的或折线形横梁，当其坡度小于 1/8 时，可简化为水平直杆。对不等跨框架，当各跨跨度相差不大于 10%，在手算时可简化为等跨框架，跨度取原框架各跨跨度的平均值，以减少计算工作量。

（四）计算假定

框架结构采用简化平面计算模型进行分析时，采用了以下计算假定：

第一，高层建筑结构的内力和位移按弹性方法进行。在非抗震设计时，在竖向荷载和风荷载作用下，结构应保持正常的使用状态，结构处于弹性工作阶段；抗震设计时，结构计算是针对多遇的小震进行的，此时结构处于不裂、不坏的弹性阶段。计算时可利用叠加原理，不同荷载作用时，可以进行内力组合。

第二，一片框架在其自身平面内刚度很大，可以抵抗在自身平面内的侧向力，而在平面外的刚度很小，可以忽略，即垂直于该平面的方向不能抵抗侧向力。因此整个结构可以划分为不同方向的平面抗侧力结构，通过水平放置的楼板（楼板在其自身平面内刚度很大，可视为刚度无限大的平板），将各平面抗侧力结构连接在一起共同抵抗结构承受的侧向水平荷载。

第三，高层建筑结构的水平荷载主要是风力和等效地震荷载，它们都是作用于楼层的总水平力。水平荷载在各片抗侧力结构之间按各片抗侧力结构的抗侧刚度进行分配，刚度越大，分配到的荷载也越多，不能像低层建筑结构那样按照受荷面积计算各片抗侧力结构的水平荷载。

第四，分别计算每片抗侧力结构在所分到的水平荷载作用下的内力和位移。

二、竖向荷载作用下内力的近似计算方法——弯矩二次分配法

框架在结构力学中称为刚架，其内力和位移的计算方法很多，常用的手算方法有力矩分配法、无剪力分配法、迭代法等，均为精确算法；计算机程序分析方法常采用矩阵位移法。而常用的手算近似计算方法主要有分层法、弯矩二次分配法，它们计算简单、易于掌握，能反映刚架受力和变形的基本特点。

多层多跨框架在竖向荷载作用下，侧向位移较小，计算时可忽略侧移影响，用力矩分配法计算。由精确分析可知，每层梁的竖向荷载对其他各层杆件内力的影响不大，多层框架某节点的不平衡弯矩仅对其相邻节点影响较大，对其他节点的影响较小，可将弯矩分配法简化为各节点的弯矩二次分配和对与其相交杆件远端的弯矩一次传递，此即为弯矩二次分配法。

弯矩二次分配法计算采用的以下两个假定：

(1)在竖向荷载作用下，可忽略框架的侧移。

(2)本层横梁上的竖向荷载对其他各层横梁内力的影响可忽略不计。即荷载在本层结点产生不平衡力矩，经过分配和传递，才影响到本层的远端；在杆件远端再经过分配，才影响到相邻的楼层。

结合结构力学力矩分配法的计算原则和上述假定，弯矩二次分配法的计算步骤可概括如下：

(1)计算框架各杆件的线刚度、转动刚度和弯矩分配系数。

（2）计算框架各层梁端在竖向荷载作用下的固端弯矩。

（3）对由固端弯矩在各结点产生的不平衡弯矩，按照弯矩分配系数进行第一次分配。

（4）按照各杆件远端的约束情况取不同的传递系数（当远端刚接，传递系数均取 1/2；当远端为定向支座，传递系数取为－1），将第一次分配到杆端的弯矩向远端传递。

（5）将各结点由弯矩传递产生的新的不平衡弯矩，按照弯矩分配系数进行第二次分配，使各结点上的弯矩达到平衡。至此，整个弯矩分配和传递过程即告结束。

（6）将各杆端的固端弯矩、分配弯矩和传递弯矩叠加，即得各杆端弯矩。

这里经历了“分配—传递—分配”三道运算，余下的影响已经很小，可以忽略。

竖向荷载作用下可以考虑梁端塑性内力重分布而对梁端负弯矩进行调幅，现浇框架调幅系数可取 0.80～0.90。一般在计算中可以采用 0.85。将梁端负弯矩值乘以 0.85 的调幅系数，跨中弯矩相应增大。但是一定要注意，弯矩调幅只影响梁自身的弯矩，柱端弯矩仍然要按照调幅前的梁端弯矩求算。

三、水平荷载作用下内力的近似计算方法——反弯点法与 D 值法

（一）反弯点法

框架所受水平荷载主要是风荷载和水平地震作用，它们一般都可简化为作用于框架节点上的水平集中力。由精确分析方法可知，各杆的弯矩图都呈直线形，且一般都有一个零弯矩点，称为反弯点。反弯点所在截面上的内力为剪力和轴力（弯矩为零），如果能求出各杆件反弯点处的剪力，并确定反弯点高度，则可求出各柱端弯矩，进而求出各梁端弯矩。为此假定如下：

(1)在求各柱子所受剪力时,假定各柱子上、下端都不发生角位移,即认为梁、柱线刚度之比为无限大。

(2)在确定柱子反弯点的位置时,假定除底层以外的各个柱子的上、下端节点转角均相同,即假定除底层外,各柱反弯点位于1/2柱高处,底层柱子的反弯点位于距柱底2/3高度处。

一般认为,当梁的线刚度与柱的线刚度之比超过3时,上述假定基本能满足,计算引起的误差能满足工程设计的精度要求。

(二)D值法

反弯点法在考虑柱侧移刚度时,假设节点转角为零,即横梁的线刚度假设为无穷大。对层数较多的框架,柱轴力大,柱截面也随着增大,梁柱相对线刚度比较接近,甚至有时柱的线刚度反而比梁大,这样,上述假定将得不到满足,若仍按该方法计算,将产生较大的误差。此外,反弯点法计算反弯点高度时,假设柱上下节点转角相等,而实际上这与梁柱线刚度之比、上下层横梁的线刚度之比、上下层层高的变化等因素有关。某教授在分析了上述影响因素的基础上,对反弯点法中柱的抗侧刚度和反弯点高度进行了修正。修正后的柱抗侧刚度以D表示,称为"D值法"。D值法的计算步骤与反弯点法相同,D值法计算简单、实用、精度比反弯点法高,在高层建筑结构设计中得到了广泛应用。

第二节　框架截面设计与构造要求

框架截面设计包括梁、柱及节点的配筋设计。要根据荷载效应组合所得内力及构件正截面抗弯、斜截面抗剪承载力要求计算构件的配筋数量。对梁、柱及节点还有相应的构造要求。

非抗震及抗震结构在结构设计上有许多不同之处,其根本区别在于非抗震结构在外荷载作用下结构处于弹性状态或仅有微小裂缝,构件设计主要是满足承载力要求。而抗震结构在设防烈度(中震)下,构件进入塑性变形状态,为了有良好的耗能能力以及在强震下结构不倒塌,抗震结构要设计成延性结构，其构件应有足够的延性。

一、延性框架

如果结构能维持承载能力而又具有较大的塑性变形能力，就称为延性结构。在强地震下，要求结构处于弹性状态是没有必要的，也是不经济的。通常在中震作用下允许结构某些杆件屈服，出现塑性铰，使结构刚度降低，塑性变形加大。当塑性铰达到一定数量时，结构就会出现"屈服"现象，即承受的地震作用不再增加或增加很少，而结构变形迅速增加。在地震区都应当设计成延性结构，这种结构在中震作用后，经过修复仍可继续使用，在强震作用下也不至于倒塌。大量震害调查和试验表明，经过合理设计，钢筋混凝土框架可以达到所需要的延性，称为延性框架结构。

在框架中，塑性铰可能出现在梁上，也可能出现在柱上，因此梁、柱构件都应该具有良好的延性。构件延性以构件的变形或塑性铰转动能力来衡量，称为构件位移延性比 $\mu_f = f_u / f_y$，截面曲率延性比 $\mu_\varphi = \varphi_u / \varphi_y$。

通过试验和理论分析，可以得到以下结论：

(1)要保证框架结构具有一定的延性，就必须保证梁柱构件具有足够的延性，钢筋混凝土构件的剪切破坏是脆性的，或者延性很小，因此，构件不能过早剪坏。

(2)在框架结构中，塑性铰出现在梁上较为有利，在梁端出现塑性铰数量可以很多而结构不致形成机动体系，每一个塑性铰都能吸收和耗散一部分地震能量。此外，梁是受弯构件，而受弯构件处理得当能够具有较好的延性。

(3)塑性铰出现在柱中，很容易形成机动体系。如果在同一层柱上下都出现塑性铰，该层结构变形将迅速增大，成为不稳定结构而倒塌，在抗震结构中应避免出现这种情况。柱是压弯构件，受到很大轴力，这种受力状态决定了柱的延性较小，而且作为结构主要承重部分，柱子破坏将引起严重后果，不易修复甚至引起结构倒塌。因此，柱子中出现塑性铰是不利的。

(4)要设计延性框架,除了梁柱构件必须具有延性外,还必须保证各构件的连接部分——节点区不出现脆性剪切破坏,同时还要保证支座连接和钢筋锚固不发生破坏。

综上所述,要设计延性框架结构,必须合理设计各个构件,控制塑性铰出现部位,防止构件过早剪坏,使构件具有一定的延性。同时也要合理设计节点区及各部分的连接和锚固,防止节点连接的脆性破坏。在抗震措施上可归纳为以下几个要点:

(1)强柱弱梁——控制塑性铰的位置;

(2)强剪弱弯——控制构件的破坏形态;

(3)强节点强锚固——保证节点区的承载力。

二、框架梁设计

梁是钢筋混凝土框架的主要延性耗能构件。影响梁的延性和耗能的主要因素有:破坏形态,截面混凝土相对受压区高度,塑性铰区混凝土约束程度等。

(一)框架梁的破坏形态

框架梁的破坏形态主要有两种:弯曲破坏和剪切破坏。剪切破坏是脆性的,延性小、耗能差,通过强剪弱弯的设计,可以避免剪切破坏。

弯曲破坏时由于纵筋配筋率的影响,可能出现三种破坏形态:少筋破坏、超筋破坏和适筋破坏。少筋梁在钢筋屈服后立即破坏,这是一种脆性破坏;超筋梁则由于受拉钢筋配置过多,在钢筋未屈服前混凝土就被压碎而丧失承载力,这种破坏无明显预兆,也是一种脆性破坏;适筋梁的纵筋屈服后,塑性变形继续增大,截面混凝土受压区高度减小,在梁端形成塑性铰,产生塑性转角,直到受压区不同弯曲破坏形态的梁的混凝土压碎,属于延性破坏。

(二)框架梁正截面抗弯设计

1. 梁截面抗弯配筋与延性

钢筋混凝土梁应按适筋梁设计,在适筋梁情况下,延性大小也有差别。混凝土相对受压区高度大的截面曲率延性小；反之，相对受压区高度小，则延性大。矩形截面混凝土适筋梁，由于纵向配筋不同，受压区边缘混凝土达到极限压应变时的压区高度不同，截面的极限曲率分别用 $\phi_{u1}=\varepsilon_{cu}/x_1$ 和 $\phi_{uz}=\varepsilon_{cu}/x_2$ 计算，显然 $\phi_{u2}>\phi_{u1}$，即相对压区高度小，截面的极限曲率大。

有实验表明，增大受拉钢筋的配筋率，相对受压区高度增大；增大受压钢筋的配筋率，相对受压区高度减小。因此，为实现延性钢筋混凝土梁，应限制梁端塑性铰区上部受拉钢筋的配筋率，同时，必须在梁端下部配置一定量的受压钢筋，以减小框架梁端塑性铰区的相对受压区高度。

2. 正截面抗弯验算

由抗弯承载力确定截面配筋，按下式验算：

持久，短暂设计状况：

$$M_b\leqslant f_y(A_s-A'_s)(h_{b0}-0.5x)+f_yA'_s(h_{b0}-a')$$

地震设计状况：

$$M_b\leqslant\frac{1}{\gamma_{RE}}[f_y(A_s-A'_s)](h_{b0}-0.5x)+f_yA'_s(h_{b0}-a')$$

式中：M_b——组合的梁端截面弯矩设计值；

A_s、A'_s——分别为受拉钢筋面积和受压钢筋面积；

a'——受压钢筋中心至截面受压边缘的距离；

γ_{RE}——承载力抗震调整系数，取 0.75。

(三)梁的斜截面抗剪验算

1. 框架梁箍筋与延性

根据震害和试验研究，框架梁端破坏主要集中在 1～2 倍梁高的梁端塑性铰区范围内。塑性铰区不仅有竖向裂缝，而且有斜裂缝；在地震往复作用下，竖向裂缝贯通，斜裂缝交叉，混凝土骨料的咬合作用渐渐丧失，主要靠箍筋和纵筋的销键作用传递剪力，这是十分不利的。为了使塑性铰区具有良好的塑性转动能力，同时为了防止混凝土压溃前受压钢筋过早压屈，在梁的两端设置箍筋加密区。箍筋加密区配置的箍筋不应少于按强剪弱弯确定的剪力所需要的箍筋量，还不应少于抗震构造措施要求配置的箍筋量。

2. 剪力设计值

（1）非抗震设计、四级抗震框架梁及抗震设计时梁端箍筋加密区以外的梁截面取考虑最不利组合得到的剪力；

（2）一、二、三级抗震框架的梁端箍筋加密区的箍筋量要满足强剪弱弯的要求。为此，框架梁的箍筋加密区截面，以弯矩平衡计算得到的剪力作为剪力设计值计算箍筋量。

3. 受剪承载力验算

梁的受剪承载力按下列公式验算：

持久、短暂设计状况：

$$V_c \leqslant 0.7 f_1 b h_{b0} + f_{yv} \frac{A_{sv}}{s} h_{b0}$$

地震设计状况：

$$V_c \leqslant \frac{1}{\gamma_{RE}} \left[0.42 f_1 b h_{b0} + f_{yv} \frac{A_{sv}}{s} h_{b0} \right]$$

式中：V_c——梁端剪力设计值；

f_t——混凝土抗拉强度设计值；

b、h_{b0}——分别为梁截面宽度和有效高度；

f_{yv}——箍筋抗拉强度设计值；

A_{sv}——同一截面中箍筋的截面面积；

s——箍筋间距；

γ_{RE}——抗震承载力调整系数，取0.85。

由于梁端部出现交叉斜裂缝，抗震设防的框架梁不用弯起钢筋抗剪，因为弯起钢筋只能抵抗单方向的剪力。

（四）构造要求

1.截面尺寸

框架梁的截面尺寸应满足三方面的要求：承载力要求、构造要求、剪压比限值。承载力要求通过承载力验算实现，后二者通过构造措施实现。

框架梁的截面高度可按（1/18～1/10）l_b 确定，l_b 为梁计算跨度，满足此要求时，在一般荷载作用下，可不验算挠度。为了保证框架梁对框架节点的约束作用，梁的截面宽度不宜小于 200mm，且不宜小于柱截面宽度的二分之一。考虑到跨高比过小的梁，其性能与普通梁有较大的差别，以及截面高宽比过大，使受力性能复杂，因此对考虑抗震要求的框架梁，规范规定净跨不宜小于截面高度的 4 倍；截面高宽比也不宜大于 4。

若梁截面尺寸小，致使截面平均剪应力与混凝土轴心抗压强度之比值很大，这种情况下，增加箍筋不能有效地防止斜裂缝过早出现，也不能有效提高截面的受剪承载力。因此，应限制梁的名义剪应力，作为确定梁最小截面尺寸的条件之一。截面剪力设计值不符合下列要求时需要加大截面尺寸或提高混凝土强度等级。持久、短暂设计状况。

$$V_b \leqslant 0.25\beta_c f_c b h_{bo}$$

地震设计状况，跨高比大于 2.5 的梁：

$$V_b \leqslant \frac{1}{\gamma_{RE}}(0.2\beta_c f_c b h_{bo})$$

跨高比不大于 2.5 的梁：

$$V_b \leqslant \frac{1}{\gamma_{RE}}(0.15\beta_c f_c b h_{bo})$$

式中：β_c——混凝土强度影响系数，混凝土强度等级不高于 C50 时取 1.0，C80 时取 0.8，高于 C50、低于 C80 时取线性插值；$\gamma_{RE}=0.85$。

2.相对受压区高度和纵向钢筋最小配筋率

为使梁端塑性铰区截面有比较大的曲率延性和良好的转动能力成为

延性耗能梁，梁端混凝土受压区高度应满足以下要求：

一级框架梁：

$$x \leqslant 0.25h_{bo}$$

二、三级框架梁：

$$x \leqslant 0.35h_{bo}$$

式中：x——等效矩形应力图的混凝土受压区高度，计算x时，应计入受压钢筋；

一、二、三级框架梁塑性铰区以外的部位，四级框架梁和非抗震框架梁，只要求不出现超筋破坏，即：$x \leqslant \xi_b h_{bo}$，ξ_b为界限相对受压区高度。

梁截面抗弯配筋数量也不能过少，最小配筋率见表7—1。表中，f_t为混凝土抗拉强度设计值。抗震设计时，梁端塑性铰区顶面受拉钢筋的配箍率不宜大于2.5%。

表7—1　框架梁纵向受拉钢筋的最小配筋百分率(%)

抗震等级	梁中位置	
	支座	跨中
一级	0.4和$80f_t/f_y$中的较大值	0.3和$65f_t/f_y$中的较大值
二级	0.3和$65f_t/f_y$中的较大值	0.25和$55f_t/f_y$中的较大值
三、四级	0.25和$55f_t/f_y$中的较大值	0.2和$45f_t/f_y$中的较大值

为了减少混凝土受压区高度，改善框架梁的延性性能，梁端箍筋加密区范围内必须配置一定数量的纵向受庄钢筋。

3. 梁端箍筋加密区要求

梁端箍筋加密区长度范围内箍筋的配置，除了要满足受剪承载力的要求外，还要满足最大间距和最小直径要求。梁端箍筋加密区的长度、箍筋的最大间距和最小直径列于表7—2。当梁端纵向受拉钢筋配筋率大于2%时，表中箍筋最小直径应增大2mm。

表 7—2　框架梁梁端箍筋加密区的构造要求

抗震等级	加密区长度(mm)	箍筋最大间距(mm)	箍筋最小直径(mm)
一级	2 倍梁高和 500 中的较大值	纵向钢筋直径的 6 倍,梁高的 1/4 和 100 中的最小值	10
二级	1.5 倍梁高和 500 中的较大值	纵向钢筋直径的 8 倍,梁高的 1/4 和 100 中的最小值	8
三级		纵向钢筋直径的 8 倍,梁高的 1/4 和 150 中的最小值	8
四级		纵向钢筋直径的 8 倍,梁高的 1/4 和 150 中的最小值	6

注:箍筋直径大于 12mm、数量不少于 4 肢且肢距不大于 150mm 时,一、二级的最大间距应允许适当放宽,但不得大于 150mm。

4. 箍筋构造

箍筋必须为封闭箍,应有 135°弯钩,弯钩直段的长度不小于箍筋直径的 10 倍。

箍筋加密区长度内的箍筋肢距,一级抗震等级不宜大于 200mm 和 20 倍箍筋直径的较大值,二、三级抗震等级,不宜大于 250mm 和 20 倍箍筋直径的较大值,各抗震等级下,均不宜大于 300mm。梁端设置的第一个箍筋距框架节点边缘不应大于 50mm,非加密区的箍筋间距不宜大于加密区箍筋间距的 2 倍。

在纵向钢筋搭接长度范围内的箍筋间距,不应大于搭接钢筋较小直径的 5 倍,且不应大于 100mm。

三、框架柱设计

框架柱的破坏一般均发生在柱的上下端。由于在地震作用下柱端弯矩最大,因此常在柱端出现水平或斜向裂缝,更严重的情况是柱端混凝土被压碎,箍筋拉断、钢筋压曲、沿全高混凝土破碎、纵筋压屈,短柱出现交叉裂缝;角柱比中柱破坏更严重。震害表明,这些柱的箍筋直径小、间距大,且大都是单肢箍。箍筋对混凝土没有形成约束,也不能防止纵向钢筋压屈，是造成钢筋混凝土柱震害的主要原因之一。

在竖向和往复水平荷载作用下钢筋混凝土框架柱的大量试验研究表明，柱的破坏形态大致可以分为下列几种形式：压弯破坏或弯曲破坏，剪切受压破坏，剪切受拉破坏，剪切斜拉破坏和粘结开裂破坏。后三种破坏形态的柱的延性小、耗能能力差，应避免；大偏压柱的压弯破坏延性较大、耗能能力强，柱的设计应尽可能实现大偏压破坏。

（一）影响框架柱延性的因素

1. 剪跨比

剪跨比是反映柱端截面承受的弯矩和剪力相对大小的一个参数。表示为：

$$\lambda=\frac{M}{VH_{c0}}$$

式中：M、V 柱端截面组合的弯矩计算值和组合的剪力计算值（未经调整时）；

H_{c0}——计算方向柱截面的有效高度。

剪跨比 $\lambda>2$ 时，称为长柱，一般会出现弯曲破坏。

剪跨比 $1.5\leqslant\lambda\leqslant2$ 时，称为短柱，多数会出现剪切破坏。当提高混凝土强度或配有足够箍筋时，可能出现具有一定延性的剪切破坏。

剪跨比 $\lambda<1.5$ 时，称为极短柱，一般发生脆性的剪切斜拉破坏，抗震性能不好，设计时应当尽量避免这种极短柱，否则需要采取特殊措施，慎重设计。

由于框架柱中的反弯点大都接近中点，为设计方便，常常用柱的长细比近似表示剪跨比的大小。设 H。为柱的净高，则：

$$\lambda=M/(Vh_{c0})=H_n/(2h_{c0})$$

当 $H_n/h_{c0}>4$ 时，为长柱；

当 $3\leqslant H_n/h_{c0}\leqslant4$ 时，为短柱；

当 $H_n/h_{c0}<3$ 时，为极短柱。

2. 轴压比

轴压比也是影响钢筋混凝土柱破坏形态和延性的一个重要参数，柱的轴压比定义为柱的平均轴向压应力与混凝土轴心抗压强度设计值的比值，即：

$$n=\frac{N}{b_c h_c f_c}$$

式中：n——轴压比；

N——组合的柱轴压力设计值；

b_c、h_c——分别为柱截面的宽度和截面的高度；

f_c——混凝土轴心抗压强度设计值。

在压弯构件中，轴压比加大，意味着截面上名义压区高度 x 增大。当压区高度加大时，压弯构件会从大偏压破坏状态向小偏压破坏状态过渡，小偏压破坏延性很小或者没有延性。在短柱中，轴压比较大时，会从剪压破坏变成脆性的剪拉破坏。由荷载一位移曲线可见，轴压比越大，塑性变形段越短，承载能力下降越快，即延性减小。

框架柱在往复水平力作用下的水平力一位移滞回曲线的试验记录。轴压比较大的试件屈服后变形能力小，达到极限承载力后，滞回曲线的骨架线下降较快，滞回曲线的捏拢现象严重些，耗能能力不如轴压比小的试件。

为了实现大偏心受压破坏，使柱具有良好的延性和耗能能力，柱的相对压区高度应小于界限值，在我国设计规范中，采取措施之一就是限制柱的轴压比。

3. 箍筋

框架柱的箍筋有三个作用：抵抗剪力、对混凝土提供约束、防止纵筋压屈。箍筋对混凝土的约束程度是影响柱的延性和耗能能力的主要因素之一。约束程度与箍筋的抗拉强度和数量有关，与混凝土强度有关，可以用一个综合指标——配箍特征值度量；约束程度同时还与箍筋的形式有关。配箍特征值用下式表示：

$$\lambda_v=\rho_v \frac{f_{yv}}{f_c}$$

式中：λ_v——配箍特征值；

f_{yv}——箍筋的抗拉强度设计值；

ρ_v—箍筋的体积配箍率。

配置箍筋的混凝土棱柱体和柱的轴心受压试验表明，轴向压应力接近峰值应力时，箍筋约束的核心混凝土迅速膨胀，横向变形增大，箍筋约束限制了核心混凝土的横向变形，使核心混凝土处于三向受压状态，混凝土的轴心抗压强度和对应的轴向应变得到提高，柱的延性增大。

箍筋的形式对核心混凝土的约束作用也有影响。

柱承受轴向压力时，螺旋箍均匀受拉，对核心混凝土提供均匀的侧压力；普通矩形箍在四个转角区域对混凝土提供有效的约束，在直段上，混凝土膨胀可能使箍筋外鼓而不能提供约束；复合箍使箍筋的肢距减小，在每一个箍筋相交点处都有纵筋对箍筋提供支点，纵筋和箍筋构成网格式骨架，提高箍筋的约束效果。

箍筋的间距对约束的效果也有影响。箍筋间距大于柱的截面尺寸时，对核心混凝土几乎没有约束。箍筋间距越小，对核心混凝土的约束均匀，约束效果越显著。

4. 截面尺寸的限制

为防止框架柱在地震作用下发生脆性剪切破坏，保证柱内纵筋和箍筋在柱破坏时能够有效地发挥作用，必须要限制柱受剪面积尺寸不能过小。根据静力作用下，梁截面受剪的限制条件，考虑地震作用时反复荷载的不利影响，规范规定，矩形截面框架柱的受剪截面应符合下列条件：

剪跨比 $\lambda>2$ 的框架柱：

$$V\leqslant\frac{1}{\gamma_{RE}}(0.2\beta_c f_c b_c h_{c0})$$

框支柱和剪跨比 $\lambda\leqslant2$ 的框架柱：

$$V\leqslant\frac{1}{\gamma_{RE}}(0.15\beta_c f_c b_c h_{c0})$$

式中：λ——框架柱、框支柱的计算剪跨比，取 $M/(Vh_{c0})$；此处，M 宜取柱上、下端考虑地震组合的弯矩设计值的较大值，V 取与 M 对应的剪力设计值，h_{c0} 为柱截面的有效高度；当框架结构中的框架柱的反弯点在柱层高范围内时，可取 λ

等于 $H_n/(2h_{c0})$，此处，H_n 为柱净高。

（二）正截面压弯验算

1. 轴力、弯矩设计值

无地震作用组合时，取最不利内力组合作为轴力、弯矩设计值；有地震作用组合时，柱的轴力取最不利内力组合值作为设计值，弯矩设计值根据强柱弱梁及局部加强等要求调整增大。

（1）按强柱弱梁要求调整柱端弯矩设计值

根据强柱弱梁的要求，在框架梁柱连接节点处，上、下柱端截面在轴力作用下的实际受弯承载力之和应大于节点左、右梁端截面实际受弯承载力之和。在工程设计中，将实际受弯承载力的关系转为内力设计值的关系，采用了增大柱端弯矩设计值的方法。

柱端组合的弯矩设计值应按下式计算确定：

一级框架结构及 9 度时的框架：

$$\sum M_c = 1.2\sum M_{bua}$$

式中：$\sum M_c$——节点上、下柱端截面顺时针或逆时针方向组合的弯矩设计值之和，可按弹性分析所得的上、下柱端的弯矩比分配；

$\sum M_b$——节点左、右梁端截面逆时针或顺时针方向组合的弯矩设计值之和，一级框架节点左、右梁端均为负弯矩时，绝对值较小的弯矩应取零；

$\sum M_{bua}$——节点左、右梁端截面逆时针或顺时针方向实配的正截面抗震受弯承载力之和；

η_c——框架结构柱端弯矩增大系数，一级取 1.7，二级取 1.5，三级取 1.3，四级取 1.2。

当反弯点不在层高范围内时，柱端截面弯矩设计值，可取为最不利内力组合的柱端弯矩计算值乘以上述弯矩增大系数。

（2）框架结构柱固定端弯矩增大

为了推迟框架结构底层柱固定端截面屈服，一、二、三、四级框架结构的底层，柱下端截面组合的弯矩设计值，应分别乘以增大系数 1.7、1.5、1.3 和 1.2。框架结构底层指无地下室的基础以上或地下室以上的首层。

(3)框支柱

为了避免框支柱过早破坏，部分框支剪力墙结构的框支柱设计内力要调整。

当框支柱的数目多于 10 根时，柱承受地震剪力之和不小于该楼层地震剪力的 20%；当少于 10 根时，每根柱承受的地震剪力不小于该楼层地震剪力的 2%；弯矩设计值也按上述比例调整，轴力不调整。

一、二级抗震等级的框支柱，由地震作用引起的附加轴力应分别乘以增大系数 1.5、1.2。计算轴压比时轴力不乘增大系数。

一、二级框支柱的顶层柱上端和底层柱下端，其组合的弯矩设计值应分别乘以增大系数 1.5 和 1.25。

(4)角柱

各级抗震等级的框架角柱，其弯矩设计值应在按上述方法调整后的基础上再乘以不小于 1.10 的增大系数。

2. 柱正截面受弯承载力验算

柱端截面的轴力、弯矩设计值确定后，按压弯构件验算承载力。抗震设计框架的角柱按双向偏心构件验算压弯承载力。

地震设计状况：

$$N_e \leqslant \frac{1}{\gamma_{RE}}\left[\alpha_1 f_c b_c x(h_{co}-\frac{x}{2})+f_y A'_s(h_{co}-a')\right]$$

其中，$x=\dfrac{\gamma_{RE}N}{\alpha_1 f_c b_c}$

γ_{RE}——抗震承载力调整系数，轴压比小于 0.15 时取 0.75，否则取 0.8。

(三)斜截面抗剪验算

1. 剪力设计值

框架柱两端和框支柱两端的箍筋加密区，应根据强剪弱弯的要求，采用剪力增大系数确定剪力设计值：

一级框架结构及9度时的框架：

$$V_c=1.2(M_{cua}^b+M_{cua}^t)/H_n$$

其他情况：

$$V_c=\eta_{vc}M_c^b+M_c^t)/H_n$$

式中：V_c——柱端箍筋加密区的剪力设计值，框支柱的剪力设计值尚应符合上述框支柱承受最小地震剪力的要求；

H_n——柱的净高；

M_c^t、M_c^b——分别为柱的上、下端顺时针或逆时针方向截面的弯矩设计值(应取调整增大后的设计值，包括角柱的增大系数)，且取顺时针方向之和及逆时针方向之和二者的较大者；

M_{cua}^t、M_{cua}^b——分别为轴压力设计值作用下柱的上、下端顺时针或反时针方向实配的正截面抗震受弯承载力所对应的弯矩值，根据实配钢筋面积、材料强度标准值等确定；

η_{vc}——框架结构柱剪力增大系数，一级取1.5，二级取1.3，三级取1.2，四级取1.1。

2.截面受剪承载力

轴压力不超过一定值时，轴力有利于框架柱的受剪承载力。框架柱的受剪承载力按下列公式验算：

持久、短暂设计状况：

$$V_c\leqslant\frac{1.75}{\lambda+1}f_cb_ch_{co}+f_{yv}\frac{A_{sv}}{s}h_{co}+0.07N$$

地震设计状况：

$$V_c\leqslant\frac{1}{\gamma_{RE}}(\frac{1.05}{\lambda+1}f_cb_ch_{co}+f_{yv}\frac{A_{sv}}{s}h_{co}+0.056N$$

式中：N——与剪力设计值相应的柱轴向压力设计值，当$N>0.3f_cb_ch_{co}$时，取$N=0.3f_cb_ch_{co}$；

λ——验算截面的剪跨比，当$\lambda<1$时取$\lambda=1$，当$\lambda>3$时取$\lambda=3$；

γ_{RE}——承载力抗震调整系数，取0.85。

（四）框架柱构造措施

1.截面尺寸

框架柱的截面尺寸宜符合下列各项要求：矩形截面柱的边长，非抗震设计时不宜小于250mm，抗震设计时，四级或不超过两层时不宜小于300mm，一、二、三级且超过两层时不宜小于400mm；圆柱直径，四级或不超过两层时不宜小于350mm，一、二、三级时且超过两层时不宜小于450mm。柱剪跨比宜大于2。柱截面高宽比不宜大于3。

2.纵向钢筋

柱截面纵向钢筋配筋量，除满足承载力要求外，还要满足最小配筋率的要求。为保证地震作用下柱的安全，抗震结构中柱截面最小配筋率（受弯方向全部钢筋面积的总配能率）要求大大高于非抗震结构，见表7—3。其中因角柱受力不利，易于破坏，除应按双向偏心验算外，纵筋最小配筋率要比中柱高。

同时，柱截面每一侧纵向钢筋配筋率不应小于0.2%；抗震设计时，对IV类场地上较高的高层建筑，表中数值应增加0.1。

表7—3　柱纵向受力钢筋最小配筋百分率（%）

柱类型	抗震等级				非抗震
	一级	二级	三级	四级	
中柱，边柱	1.0	0.8	0.7	0.6	0.5
角柱	1.1	0.9	0.8	0.7	0.5
框支柱	1.1	0.9	—	—	0.7

注：1.采用335MPa级、400MPa级纵向受力钢筋时，应分别按表中数值增加0.1和0.05采用；2.当混凝土强度等级高于C60时，上述数值应增加0.1采用。

抗震设计时，框架柱的纵向配筋宜采用对称配筋。截面尺寸大于400mm的柱，一、二、三级抗震设计时其纵筋间距不宜大于200mm；抗震等级为四级和非抗震设计时，柱纵向钢筋的间距不宜大于300mm；柱纵向钢筋净距均不应小于50mm。全部纵向钢筋的配筋率，非抗震设计时不宜大于5%，抗震设计时不应大于5%。一级且剪跨比不大于2的柱，其单侧纵向受拉钢筋的配筋率不宜大于1.2%。边柱、角柱及剪力墙端柱考虑地震作用组合产生小偏心受拉时，柱内纵筋总截面面积应比计算值增加25%；柱的纵筋不应与箍筋、拉筋及预埋件等焊接。

3. 轴压比限值

轴压比的计算公式中，柱轴力取考虑地震作用组合的轴力设计值。

表7—4给出了剪跨比大于2、混凝土强度等级不高于C60的柱的轴压比限值。其他情况见规范的规定。

表7—4　柱轴压比限值

结构类型	抗震等级			
	一级	二级	三级	四级
框架结构	0.65	0.75	0.85	0.90
框架—剪力墙，筒体结构	0.75	0.85	0.90	0.95
部分框支剪力墙结构	0.60	0.70	—	

4. 箍筋

在地震荷载的反复作用下，柱端部钢筋保护层往往首先碎落，当无足够的箍筋约束时，会使柱内纵向钢筋向外鼓曲，引起柱端过早破坏。为此，应在柱端处加密箍筋以提高框架柱的抗震能力，使混凝土成为延性好的约束混凝土。

箍筋加密区范围为：①底层柱的上端和其他各层柱的两端，应取矩形截面柱之长边尺寸（或圆形截面柱之直径）、柱净高之1/6和500mm三者之最大值范围；②底层柱刚性地面上、下各500mm的范围；③底层柱柱根以上1/3柱净高的范围；④剪跨比不大于2的柱和因设置填充墙等形成的柱净高与截面高度之比不大于4的柱全高范围；⑤一、二级框架的角柱的全高范围；⑥需要提高变形能力的柱的全高范围。

框架柱加密区箍筋的最小直径和最大间距见表7—5。

表7—5　柱端箍筋加密区的构造要求

抗震等级	箍筋最大间距(mm)	箍筋最小直径(mm)
一级	6d和100的较小值	10
二级	8d和100的较小值	8
三级	8d和150(柱根100)的较小值	8
四级	8d和150(柱根100)的较小值	6(柱根8)

注：1. d为柱纵向钢筋直径(mm)；

2.柱根指框架柱底部嵌固部位。

柱箍筋加密区的箍筋量除应符合受剪承载力要求外,还应符合最小配箍特征值、最大间距和最小直径的要求。

柱箍筋加密区的最小配箍特征值与框架的抗震等级、柱的轴压比及箍筋形式有关,列于表7－6,工程设计中,根据框架的抗震等级查得需要的最小配箍特征值,即可计算得到需要的体积配箍率:

$$\rho_v \geqslant \lambda_v f_c / f_{yv}$$

计算中,混凝土强度等级低于C35时应取C35。

箍筋的体积配箍率可用下式计算:

$$\rho_v = A_{svl} l_{sk} / (l_1 l_2 s)$$

式中:A_{svl}——箍筋单肢截面面积;

l_{sk}——一个截面内箍筋的总长,扣除重叠部分的箍筋长度;

l_1、l_2——外围箍筋包围的混凝土核心的两条边长,可取箍筋内表面计算;

s——箍筋间距。

表7－6 柱端箍筋加密区最小配箍特征值λ_v

抗震等级	箍筋形式	柱轴压比								
		≤0.30	0.40	0.50	0.60	0.70	0.80	0.90	1.00	1.05
一	普通箍,复合箍	0.10	0.11	0.13	0.15	0.17	0.20	0.23	—	—
	螺旋箍,复合或连续复合螺旋箍	0.08	0.09	0.11	0.13	0.15	0.18	0.21	—	—
二	普通箍,复合箍	0.08	0.09	0.11	0.13	0.15	0.17	0.19	0.22	0.24
	螺旋箍,复合或连续复合螺旋箍	0.06	0.07	0.09	0.11	0.13	0.15	0.17	0.20	0.22
三、四级	普通箍,复合箍	0.06	0.07	0.09	0.11	0.13	0.15	0.17	0.20	0.22
	螺旋箍,复合或连续复合螺旋箍	0.05	0.06	0.07	0.09	0.11	0.13	0.15	0.18	0.20

注:普通箍指单个矩形箍或单个圆形箍;螺旋箍指单个连续螺旋箍筋;复合箍指由矩形、多边形、圆形箍或拉筋组成的箍筋;复合螺旋箍指由螺旋箍与矩形、多边形、圆形箍或拉筋组成的箍筋;连续复合螺旋箍指全部螺旋箍由同一根钢筋加工而成的箍筋。

为了避免配置的箍筋量过少，体积配箍率还要符合下述要求：

①对一、二、三、四级框架柱，其箍筋加密区范围内箍筋的体积配箍率尚且分别不应小于0.8％、0.6％、0.4％和0.4％。

②剪跨比不大于2的柱宜采用复合螺旋箍或井字复合箍，其体积配箍率不小于1.2％；设防烈度为9度和一级抗震等级时，不小于1.5％。

③计算复合箍筋的体积配箍率时，应扣除重叠部分的箍筋体积；计算复合螺旋箍筋的体积配箍率时，其非螺旋箍筋的体积应乘以换算系数0.8。

箍筋必须为封闭箍，并有135°弯钩，弯钩要求与梁箍筋相同。柱箍筋加密区的箍筋肢距，一级不宜大于200mm，二、三级不宜大于250mm和20倍箍筋直径的较大值，四级不宜大于300mm。每隔一根纵向钢筋宜在两个方向由箍筋或拉筋约束；采用拉筋复合箍时，拉筋宜紧靠纵向钢筋并勾住封闭箍筋。

柱非加密区的箍筋，其体积配箍率不宜小于加密区的一半；其箍筋间距，不应大于加密区箍筋间距的2倍，且一、二级不应大于10倍纵向钢筋直径，三、四级不应大于15倍纵向钢筋直径。

四、框架节点抗震设计

在竖向荷载和地震作用下，框架节点区受力比较复杂，主要承受柱子传来的轴向力、弯矩、剪力和梁传来的弯矩、剪力的作用。在轴压力和剪力的共同作用下，节点区发生由于剪切和主拉应力造成的脆性破坏。震害表明，梁柱节点的破坏，大都是由于节点区未设箍筋或箍筋过少，抗剪能力不足，从而导致节点区出现多条交叉斜裂缝，斜裂缝间混凝土被压酥，柱内纵向钢筋压曲。此外，由于梁内纵筋和柱内纵筋在节点区交汇，且梁顶面钢筋一般数量较多，造成节点区可能过密，振捣器难以插入，从而影响混凝土浇捣质量，节点承载力难以得到保证。也有可能是梁柱内纵筋深入节点锚固长度不足，纵筋被拔出，以至梁柱端部塑性铰难以充分发挥作用。

一、二、三级抗震等级的框架应进行节点核心区抗震受剪承载力验算；四级抗震等级的框架节点可不进行验算，但应符合抗震构造措施的要求。

(一)节点区剪力设计值

由强节点的设计要求,节点区应能抵抗当节点区两边梁端出现塑性铰时的剪力,该剪力称为节点区剪力设计值。由平衡条件可得节点区剪力 V_j 并由梁柱平衡求出 V_c 代入下式:

$$
\begin{aligned}
V_j &= f_{yk}A_s^b + f_{yk}A_s^t - V_c \\
&= \frac{M_b^l + M_b^l}{h_{b0} - a'_s} - \frac{M_c^b + M_c^t}{H_c - h_b} \\
&= \frac{M_b^i + M_b^i}{h_{b0} - a'_s} - (1 - \frac{h_{b0} - a'_s}{H_c - h_b})
\end{aligned}
$$

(二)节点区抗剪验算

抗震设计时,框架节点区截面的抗剪承载力按下式验算:

$$V_j \leqslant \frac{1}{\gamma_{RE}}(1.1\eta_j f_t b_j h_j + 0.05\eta_j N \frac{b_j}{b_j c} + f_{yv} A_{svj} \frac{h_{b0} - a'_s}{s})$$

9 度抗震的一级抗震等级框架

$$V_j \leqslant \frac{1}{\gamma_{RE}}(0.9\eta_j f_t b_j h_j + f_{yv} A_{sxj} \frac{h_{b0} - a'_s}{s})$$

式中:N——对应于组合剪力设计值的上柱组合轴向压力设计值;当 $N > 0;5f_c b_c h_c$ 时取 $N = 0.5f_c b_c h_c$;当 N 为拉力时,取 $N = 0$;

b_j——节点区截面有效验算宽度,可按具体公式确定;

h_j——节点区截面高度,可采用验算方向的柱截面高度;

A_{sxj}——节点区有效验算宽度范围内、验算方向同一截面箍筋的总截面面积;

η_j——梁的约束影响系数,楼板为现浇,梁柱中线重合,四侧各梁截面宽度不小于该侧柱截面宽度 1/2 且正交方向梁高度不小于框架梁高度的 3/4 时,可采用 1.5;9 度时宜采用 1.25;其他情况均采用 1.0。

节点区截面有效验算宽度,按下列规定采用。当验算方向的梁截面宽度不小于该侧柱截面宽度的 1/2 时,可采用该侧柱截面宽度,当小于时可采用下列二者的较小值:

$$b_j = b_b + 0.5h_c$$

$$b_j = b_c$$

当梁、柱的中线不重合且偏心距不大于柱宽的1/4时，可采用上述两式和下式计算结果的较小值：

$$b_j = 0.5(b_b + b_c) + 0.25h_c - e$$

式中：b_b、h_c——分别为验算方向柱截面宽度和高度；

e——梁与柱中线偏心距。

为了避免节点区过早出现斜裂缝、混凝土碎裂，节点区的平均剪应力不应过高。节点区组合的剪力设计值应符合下式要求：

$$V_j \leqslant \frac{1}{\gamma_{RE}} 0.30 \eta_j \beta_c f_c b_j h_j$$

（三）构造措施

非抗震设计的框架节点区也要配置箍筋，在柱内配置的箍筋延续到节点区，箍筋间距不宜大于250mm；对四边有梁与之相连的节点，可仅沿节点周边设置矩形箍筋。

抗震设计时，框架节点区箍筋的最大间距和最小直径宜符合柱端箍筋加密区的要求。一、二、三级框架节点核心区配箍特征值分别不宜小于0.12、0.10和0.08，且体积配箍率分别不宜小于0.6%，0.5%和0.4%。柱剪跨比不大于2的框架节点核心区的体积配箍率不宜小于核心区上、下柱端体积配箍率中的较大值。为了避免梁纵筋在节点区内粘结锚固破坏，梁的上部钢筋应贯穿中间节点，梁的下部钢筋可以切断，在节点区内应有一定的锚固长度。

五、钢筋的连接和锚固

受力钢筋的连接接头应符合下列规定：

(1)受力钢筋的连接接头宜在构件受力较小部位；抗震设计时，宜避开梁端、箍筋加密区范围。钢筋连接可采用机械连接、绑扎搭接或焊接。

(2)当纵向受力钢筋采用搭接做法时，在钢筋搭接长度范围内应配置箍筋，其直径不应小于搭接钢筋较大直径的1/4。当钢筋受拉时，箍筋间距不应大于搭接钢筋较小直径的5倍，且不应大于100mm；当钢筋受压时，箍筋间距不应大于搭接钢筋较小直径的10倍且不应大于200mm。当受压钢筋直径大于25mm时，尚应在搭接接头两个端面外100mm范围内各设置两道箍筋。

一、二级抗震等级：

$$L_{aE}=1.15l_a$$

三级抗震等级：

$$l_{aE}=1.05la$$

四级抗震等级：

$$l_{aE}=1.00l_a$$

l_{aE}——纵向受拉钢筋的抗震基本锚固长度。

对于边节点或角节点，若节点区内钢筋密集，影响混凝土浇筑质量，可以将钢筋伸出柱面，纵筋弯折段移出节点区。

第八章　剪力墙结构设计

第一节　剪力墙结构的受力特点和分类

剪力墙是一种抵抗侧向力的结构单元，与框架柱相比，其截面薄而长（受力方向截面高宽比大于4），在水平荷载作用下，截面抗剪问题比较突出。剪力墙必须依赖各层楼板作为支撑，以保持平面外的稳定。剪力墙不仅可以形成单独的剪力墙结构体系，还可与框架等一起形成框架－剪力墙结构体系、框架－筒体结构体系等。

一、剪力墙结构的受力特点和计算假定

在水平荷载作用下，悬臂剪力墙的控制截面为底层截面，所产生的内力为水平剪力和弯矩。墙肢截面在弯矩作用下产生下层层间相对侧移较小、上层层间相对侧移较大的“弯曲型变形”，在剪力作用下产生“剪切型变形”，此两种变形的叠加构成平面剪力墙的变形特征。通常根据剪力墙高宽比可将剪力墙分为高墙、中高墙和矮墙。在水平荷载作用下，随着结构高宽比的增大，由弯矩产生的弯曲型变形在整体侧移中所占的比例相应增大，故一般高墙在水平荷载作用下的变形曲线表现为“弯曲型变形曲线”，而矮墙在水平荷载作用下的变形曲线表现为“剪切型变形曲线”。

悬臂剪力墙可能出现的破坏形态有弯曲破坏、剪切破坏、滑移破坏。剪力墙结构应具有较好的延性，细高的剪力墙应设计成弯曲破坏的延性剪力墙，以避免脆性的剪切破坏。实际工程中，为了改善平面剪力墙的受力变形特征，常在剪力墙上开设洞口以形成连梁，使单肢剪力墙的高宽比显著提高，从而发生弯曲破坏。

因此,剪力墙每个墙段的长度不宜大于 8m,高宽比不应小于 2。当墙肢很长时,可通过开洞将其分为长度较小的若干均匀墙段,每个墙段可以是整体墙,也可以是用弱连梁连接的联肢墙。

剪力墙结构由竖向承重墙体和水平楼板及连梁构成,整体性好,在竖向荷载作用下,按 45°刚性角向下传力;在水平荷载作用下,每片墙体按其所提供的等效抗弯刚度大小来分配水平荷载。因此剪力墙的内力和侧移计算可简化为竖向荷载作用下的计算以及水平荷载作用下平面剪力墙的计算,并采用以下假定:

(1)竖向荷载在纵横向剪力墙上均按 45°刚性角传力。

(2)按每片剪力墙的承荷面积计算它的竖向荷载,直接计算墙截面上的轴力。

(3)每片墙体结构仅在其自身平面内提供抗侧刚度,在平面外的刚度可忽略不计。

(4)平面楼盖在其自身平面内刚度无限大。当结构的水平荷载合力与结构刚度中心重合时,结构不产生扭转,各片墙在同一层楼板标高处,侧移相等,总水平荷载按各片剪力墙的刚度分配到每片墙。

(5)剪力墙结构在使用荷载作用下的构件材料均处于线弹性阶段。

其中,水平荷载作用下平面剪力墙的计算可按纵、横两个方向的平面抗侧力结构进行分析。剪力墙结构中,在横向水平荷载作用下,只考虑横墙起作用,而“略去”纵墙作用;在纵向水平荷载作用下,则只考虑纵墙起作用,而“略去”横墙作用。此处“略去”是指将其影响体现在与它相交的另一方向剪力墙结构端部存在的翼缘上,将翼缘部分作为剪力墙的一部分来计算。

《高层规程》规定,计算剪力墙结构的内力与位移时,应考虑纵、横墙的共同工作,即纵墙的一部分可作为横墙的有效翼缘,横墙的一部分也可作为纵墙的有效翼缘。

二、剪力墙结构的分类

在水平荷载作用下,剪力墙处于二维应力状态,严格说,应该采用平面有限元方法进行计算；但在实用上，大都将剪力墙简化为杆系，采用结构力学的方法作近似计算。按照洞口大小和分布不同，剪力墙可分为下列几类，每一类的简化计算方法都有其适用条件。

（一）整体墙和小开口整体墙

没有门窗洞口或只有很小的洞口，可以忽略洞口的影响。这种类型的剪力墙实际上是一个整体的悬臂墙，符合平面假定，正应力按直线规律分布。这种墙称为整体墙。

当门窗洞口稍大一些，墙肢应力中已出现局部弯矩，但局部弯矩的大小不超过整体弯矩的15%时，可以认为截面变形大体上仍符合平面假定，按材料力学公式计算应力，然后加以适当的修正。这种墙称为小开口整体墙。

（二）双肢剪力墙和多肢剪力墙

开有一排较大洞口的剪力墙为双肢剪力墙，开有多排较大洞口的剪力墙为多肢剪力墙。由于洞口开得较大，截面的整体性已经破坏，正应力分布较直线规律差别较大。其中，若洞口更大些，且连梁刚度很大，而墙肢刚度较弱的情况，已接近框架的受力特点，此时也称为壁式框架。

（三）开有不规则大洞口的剪力墙

当洞口较大，而排列不规则，这种墙不能简化为杆系模型计算，如果要较精确地知道其应力分布，只能采用平面有限元方法。

以上剪力墙中，除了整体墙和小开口整体墙基本上采用材料力学的计算公式外，其他大体还有以下一些算法。

1. 连梁连续化的分析方法

此法将每一层楼层的连系梁假想为分布在整个楼层高度上的一系列连续连杆，借助于连杆的位移协调条件建立墙的内力微分方程，通过解微分方程求得内力。

2. 壁式框架计算法

此法将剪力墙简化为一个等效多层框架。由于墙肢及连梁都较宽，在墙梁相交处形成一个刚性区域，在该区域内墙梁刚度无限大，因此，该等效框架的杆件便成为带刚域的杆件。求解时，可用简化的值法求解，也可采用杆件有限元及矩阵位移法借助计算机求解。

3.有限元法和有限条法

将剪力墙结构作为平面或空间结构，采用网格划分为若干矩形或三角形单元，取结点位移作为未知量，建立各结点的平衡方程，用计算机求解。该方法对于任意形状尺寸的开孔及任意荷载或墙厚变化都能求解，且精度较高。

由于剪力墙结构外形及边界较规整，也可将剪力墙结构划分为条带，即取条带为单元。

第二节 剪力墙结构的延性设计

一、剪力墙延性设计的原则

钢筋混凝土房屋建筑结构中，除框架结构外，其他结构体系都有剪力墙。剪力墙的优点有：刚度大，容易满足风或小震作用下层间位移角的限值及风作用下的舒适度的要求；承载能力大；合理设计的剪力墙具有良好的延性和耗能能力。

和框架结构一样，在剪力墙结构的抗震设计中，应尽量做到延性设计，保证剪力墙符合：

(1)强墙弱梁。连梁屈服先于墙肢屈服，使塑性铰变形和耗能分散于连梁中，避免因墙肢过早屈服使塑性变形集中在某一层而形成软弱层或薄弱层。

(2)强剪弱弯。侧向力作用下变形曲线为弯曲形和弯剪形的剪力墙，一般会在墙肢底部一定高度内屈服形成塑性铰，通过适当提高塑性铰范围及其以上相邻范围的抗剪承载力，实现墙肢强剪弱弯，避免墙肢剪切破坏。对于连梁，与框架梁相同，通过剪力增大系数调整剪力设计值，实现强剪弱弯。

(3)强锚固。墙肢和连梁的连接等部位仍然应满足强锚固的要求，以防止在地震作用下，节点部位的破坏。

(4)同时还应在结构布置、抗震构造中满足相关要求，以达到延性设计的目的。

(一)悬臂剪力墙的破坏形态和设计要求

悬臂剪力墙是剪力墙中的基本形式，是只有一个墙肢的构件，其设计方法也是其他各类剪力墙设计的基础。因此可通过对悬臂剪力墙延性设计的研究，得出剪力墙结构延性设计的原则。

悬臂剪力墙可能出现弯曲、剪切和滑移(剪切滑移或施工缝滑移)等多种破坏形态。

在正常使用及风荷载作用下，剪力墙应当处于弹性工作阶段，不出现裂缝或仅有微小裂缝。因此，抗风设计的基本方法是：按弹性方法计算内力及位移，限制结构位移并按极限状态方法计算截面配筋，满足各种构造要求。

在地震作用下，先以小震作用按弹性方法计算内力及位移，进行截面设计。在中等地震作用下，剪力墙将进入塑性阶段，剪力墙应当具有延性和耗散地震能量的能力。因此，应当按照抗震等级进行剪力墙构造和截面验算，满足延性剪力墙的要求，以实现中震可修、大震不倒的设防目标。

悬臂剪力墙是静定结构，只要有一个截面达到极限承载力，构件就丧失承载能力。在水平荷载作用下，剪力墙的弯矩和剪力都在基底部位最大。因而，基底截面是设计的控制截面。沿高度方向，在剪力墙断面尺寸改变或配筋变化的地方，也是控制截面，均应进行正截面抗弯和斜截面抗剪承载力计算。

(二)开洞剪力墙的破坏形态和设计要求

开洞剪力墙，或称联肢剪力墙，简称联肢墙，是指由连梁和墙肢构件组成的开有较大规则洞口的剪力墙。

开洞剪力墙在水平荷载作用下的破坏形态与开洞大小、连梁与墙肢的刚度及承载力等有很大的关系。

当连梁的刚度及抗弯承载力远小于墙肢的刚度和抗弯承载力，且连梁具有足够的延性时，则塑性铰在连梁端部出现，待墙肢底部出现塑性铰以后，才能形成机构。数量众多的连梁端部塑性铰在形成过程中既能吸收地震能量，又能继续传递弯矩与剪力，对墙肢形成的约束弯矩使剪力墙保持足够的刚度与承载力，墙肢底部的塑性铰亦具有延性。这样的开洞剪力墙延性最好。

当连梁的刚度及承载力很大时，连梁不会屈服，这时开洞墙与整体悬臂墙类似，要靠底层出现塑性铰，然后才破坏。只要墙肢不过早剪坏，则这种破坏仍然属于有延性的弯曲破坏，但是耗能集中在底层少数几个铰上。这样的破坏远不如前面的多铰机构的抗震性能。

当连梁的抗剪承载力很小，首先受到剪切破坏时，会使墙肢失去约束而形成单独、墙肢。与连梁不破坏的墙相比，墙肢中轴力减小，弯矩增大，墙的侧向刚度大大降低，但是，如果能保持墙肢处于良好的工作状态，那么结构仍可承载，直到墙肢截面屈服才会形成机构。只要墙肢塑性铰具有延性，这种破坏也是属于延性的弯曲破坏。

墙肢剪坏是一种脆性破坏，因而没有延性或延性很小。值得引起注意的是由于连梁过强而引起的墙肢破坏。当连梁刚度和屈服弯矩较大时，水平荷载作用下的墙肢内的轴力很大，造成两个墙肢轴力相差悬殊，在受拉墙肢出现水平裂缝或屈服后，塑性内力重分配使受压墙肢承担大部分剪力。如果设计时未充分考虑这一因素，将会使该墙肢过早剪坏，延性降低。

从上面的破坏形态分析可知，按照“强墙弱梁”原则设计开洞剪力墙，并按照“强剪弱弯”要求设计墙肢及连梁构件，可以得到较为理想的延性剪力墙结构，它比悬臂剪力墙更为合理。如果连梁较强而形成整体墙，则要注意与悬臂墙相类似的塑性铰区的加强设计。如果连梁跨高比较大而可能出现剪切破坏，则要按照抗震结构“多道设防”的原则，即考虑连梁破坏后，退出工作，按照几个独立墙肢单独抵抗地震作用的情况设计墙肢。

开洞剪力墙在风荷载及小震作用下，按照弹性计算内力进行荷载组合后，再进行连梁及墙肢的截面配筋计算。

应当注意，沿房屋高度方向，内力最大的连梁不在底层。应选择内力最大的连梁进行截面和配筋计算；或沿高度方向分成几段，选择每段中内力最大的梁进行截面和配筋计算。沿高度方向，墙肢截面、配筋也可以改变，由底层向上逐渐减小，分成几段分别进行截面、配筋计算。开洞剪力墙的截面尺寸、混凝土等级、正截面抗弯计算，以及斜截面抗剪计算和配筋构造要求等都与悬臂墙相同。

（三）剪力墙结构平面布置

剪力墙结构中，剪力墙宜沿主轴方向或其他方向双向布置；一般情况下，采用矩形、L 形、T 形平面时，剪力墙沿纵、横两个方向布置；当平面为三角形、Y 形时，剪力墙可沿三个方向布置；当平面为多边形、圆形和弧形平面时，则可沿环向和径向布置。剪力墙应尽量布置得规则、拉通、对直。

抗震设计的剪力墙结构，应避免仅单向有墙的结构布置形式。剪力墙墙肢截面宜简单、规则。剪力墙结构的侧向刚度不宜过大，否则将使结构周期过短，地震作用大，很不经济。另外，长度过大的剪力墙，易形成中高墙或矮墙，由受剪承载力控制破坏形态，延性变形能力减弱，不利于抗震。

剪力墙的门窗洞口宜上下对齐、成列布置，形成明确的墙肢和连梁，宜避免使墙肢刚度相差悬殊的洞口设置。抗震设计时，一、二、三级抗震等级剪力墙的底部和加强部位不宜采用错洞墙；一、二、三级抗震等级的剪力墙均不宜采用叠合错洞墙。

同一轴线上的连续剪力墙过长时，可用细弱的连梁将长墙分成若干个墙段，每一个墙段相当于一片独立剪力墙，墙段的高宽比不应小于 2。每一墙肢的宽度不宜大于 8m，以保证墙肢也是受弯承载力控制，而且靠近中和轴的竖向分布钢筋在破坏时能充分发挥强度。

剪力墙结构中，如果剪力墙的数量太多，会使结构的刚度和重量都很大，不仅材料用量增加而且地震力也增大，使上部结构和基础设计都变得困难。一般来说，采用大开间剪力墙（间距 6.0～7.2m）比小开间剪力墙

(间距 3～3.9m)的效果更好。以高层住宅为例,小开间剪力墙的墙截面面积一般占楼面面积的 8%～10%,而大开间剪力墙可降至 6%～7%,可有效降低材料用量,且建筑使用面积增大。

可通过结构基本自振周期来判断剪力墙结构合理刚度,宜使剪力墙结构的基本自振周期控制在(0.05～0.06)N(N 为层数)。

当周期过短、地震力过大时,宜加以调整。调整剪力墙结构刚度的方法有:

(1)适当减小剪力墙的厚度。

(2)降低连梁的高度。

(3)增大门窗洞口宽度。

(4)对较长的墙肢设置施工洞,分为两个墙肢。墙肢长度超过 8m 时,一般应由施工洞口划分为小墙肢。墙肢由施工洞分开后,如果建筑上不需要,可用砖墙填充。

(四)剪力墙结构竖向布置

普通剪力墙结构的剪力墙应在整个建筑竖向连续,上应到顶,下要到底,中间楼层不要中断。剪力墙不连续会使结构刚度突变,对抗震非常不利。当顶层取消部分剪力墙而设置大房间时,其余的剪力墙应在构造上予以加强;当底层取消部分剪力墙时,应设置转换楼层,并按专门规定进行结构设计。

为避免刚度突变,剪力墙的厚度应逐渐改变,每次厚度减小 50～100mm 为宜,以使剪力墙刚度均匀连续改变。同时,厚度改变和混凝土强度等级改变宜按楼层错开。

为减小上、下剪力墙结构的偏心,一般情况下,剪力墙厚度宜两侧同时内收。为保持外墙面平整,可只在内侧单面内收;电梯井因安装要求,可只在外侧单面内收。

剪力墙相邻洞口之间以及洞口与墙边缘之间要避免小墙肢。试验结果表明,墙肢宽度与厚度之比小于 3 的小墙肢在反复荷载作用下,比大墙肢开裂早、破坏早,即使加强配筋,也难以防止小墙肢的早期破坏。在设计剪力墙时，墙肢宽度不宜小于 $3b_w$（b_w 为墙厚），且不应小于 500mm。

（五）剪力墙延性设计的其他构造措施

此外，要实现剪力墙的延性设计还应满足其他一些构造措施，如设置翼缘或端柱、控制轴压比、设置边缘构件等。

二、墙肢设计

（一）内力设计值

非抗震和抗震设计的剪力墙应分别按无地震作用和有地震作用进行荷载效应组合，取控制截面的最不利组合内力或对其调整后的内力（统称为内力设计值）进行配筋设计。墙肢的控制截面一般取墙底截面以及改变墙厚、改变混凝土强度等级、改变配筋量的截面。

1. 弯矩设计值

一级抗震墙的底部加强部位以上部位，墙肢的组合弯矩设计值应乘以增大系数，其值可采用 1.2；剪力做相应的调整。

双肢抗震墙中，墙肢不宜出现小偏心受拉，因为此时混凝土开裂贯通整个截面高度，可通过调整剪力墙的长度或连梁的尺寸避免出现小偏心受拉的墙肢。剪力墙很长时，边墙肢拉（压）力很大，可人为加大洞口或人为开洞口，减小连梁高度而形成对墙肢约束弯矩很小的连梁，地震时，该连梁两端比较容易屈服形成塑性铰，从而将长墙分成长度较小的墙。在工程中，一般宜使墙的长度不超过 8m。此外，减小连梁高度也可以减小墙肢轴力。

当任一墙肢为大偏心受拉时，另一墙肢的剪力设计值、弯矩设计值应乘以增大系数 1.25。因为当一个墙肢出现水平裂缝时，刚度降低，由于内力重分布而剪力向无裂缝的另一个墙肢转移，使另一个墙肢内力增大。

部分框支剪力墙结构的落地抗震墙墙肢不应出现小偏心受拉。

2. 剪力设计值

为实现“强剪弱剪”的延性设计，一、二、三级的抗震墙底部加强部位，其截面组合的剪力设计值应按下式调整：

$$V = \eta_{vw} V_w$$

9 度的一级抗震墙可不按上式调整，但应符合下式要求：

$$V = 1.1 \frac{M_{wua}}{M_w} V_w$$

式中：V—抗震墙底部加强部位截面组合的剪力设计值；

V_w——抗震墙底部加强部位截面组合的剪力计算值；

M_{wua}——抗震墙底部截面按实配纵向钢筋面积、材料强度标准值和轴力等计算的抗震受弯承载力所对应的弯矩值（有翼墙时，应计入墙两侧各一倍翼墙厚度范围内的纵向钢筋）；

M_w——墙肢底部截面最不利组合的弯矩计算值；

η_{vw}——抗震墙剪力增大系数，一级可取 1.6，二级可取 1.4，三级可取 1.2。

（二）正截面抗弯承载力计算

剪力墙属于偏心受压或偏心受拉构件。它的特点是：截面呈片状（截面高度如远大于截面墙板厚度 M）；墙板内配有均匀的竖向分布钢筋。通过试验可见，这些分布钢筋都能参加受力，对抵抗弯矩有一定作用，计算中应加以考虑。但是，由于竖向分布钢筋都比较细（多数在 ϕ12 以下），容易产生压屈现象，所以计算时忽略受压区分布钢筋作用，可使设计偏于安全。如有可靠措施防止分布筋压屈，也可在计算中计入其受压作用。

和柱一样，墙肢也可根据破坏形态不同分为大偏压、小偏压、大偏拉和小偏拉等四种情况。根据平截面假定及极限状态下截面应力分布假定，并进行简化后得到截面计算公式。

1. 大偏心受压承载力计算

此时，在极限状态下，当墙肢截面相对受压区高度不大于其相对界限受压区高度时，为大偏心受压破坏。

采用以下假定建立墙肢截面大偏心受压承载力计算公式：

（1）截面变形符合平截面假定。

(2)不考虑受拉混凝土的作用。

(3)受压区混凝土的应力图用等效矩形应力图替换,应力达到 $\alpha_1 f_c$(f_c 为混凝土轴心抗压强度,α_1 为与混凝土等级有关的等效矩形应力图系数)。

(4)墙肢端部的纵向受拉、受压钢筋屈服。

(5)从受压区边缘算起,1.5x(为等效矩形应力图受压区高度)范围以外的受拉竖向分布钢筋全部屈服并参与受力计算;1.5x 范围以内的竖向分布钢筋未受拉屈服或为受压,不参与受力计算。

基于上述假定,极限状态下矩形墙肢截面的应力,根据 $\sum N=0$ 和 $\sum M=0$ 两个平衡条件,建立方程。

对称配筋时,$A_s=A'_s$,由 $\sum N=0$ 计算等效矩形应力图受压区高度:

$$N=\alpha_1 f_c b_w x-f_{yw}\frac{A_{sw}}{h_{w0}}(h_{w0}-1.5x)$$

可得:

$$x=\frac{N+f_{yw}A_{sw}}{\alpha_1 f_c b_w+1.5f_{yw}\frac{A_{sw}}{h_{w0}}}$$

式中,系数,当混凝土强度等级不超过 C50 时,取 1.0;当混凝土强度等级为 C80 时,取 0.94;当混凝土强度等级在 C50 和 C80 之间时,按线性内插取值。

对受压区中心取矩,由 $\sum M=0$ 可得:

$$M=f_{yw}\frac{A_{sw}}{h_{w0}}(h_{w0}-1.5x)\left(\frac{h_{w0}}{2}+\frac{x}{4}\right)+N\left(\frac{h_{w0}}{2}-\frac{x}{2}\right)+f_y A_s(h_{w0}-a')$$

忽略式中 x^2 项,化简后得:

$$M=\frac{f_{yw}A_{sw}}{2}h_{w0}\left(1-\frac{x}{h_{w0}}\right)\left(1+\frac{N}{f_{yw}h_{w0}}\right)+f_y A_s(h_{w0}-a')$$

上式第一项是竖向分布钢筋抵抗的弯矩,第二项是端部钢筋抵抗的弯矩,分别为:

$$M_{sw}=\frac{f_{yw}A_{sw}}{2}h_{w0}\left(1-\frac{x}{h_{w0}}\right)\left(1+\frac{N}{f_{yw}h_{w0}}\right)$$

$$M_0=f_yA_s(h_{w0}-a')$$

截面承载力验算要求：

$$M=M_0+M_{sw}$$

式中，M 为墙肢的弯矩设计值。

工程设计中，先给定竖向分布钢筋的截面面积 A_{sw}，由公式计算 x 值，代入公式求出 M_{sw}，然后按下式计算端部钢筋面积：

$$A_s=\frac{M-M_{sw}}{f_y(h_{w0}-a')}$$

不对称配筋时，$A_s\neq A'_s$，此时要先给定竖向分布钢筋 A_{sw}，并给定一端的端部钢筋面积 A 或 A'_s，求另一端钢筋面积，由 $\sum N=0$，得

$$N=\alpha_1f_cb_wx+f_yA'_s-f_yA_s-f_{yw}\frac{A_{sw}}{h_{w0}}(h_{w0}-1.5x)$$

当墙肢截面为 T 形或 I 形时，可参照 T 形或 I 形截面柱的偏心受压承载力计算方法计算配筋。计算时，首先判断中和轴的位置，然后计算钢筋面积，计算中仍然按上述原则考虑竖向分布钢筋的作用。

2. 小偏心受压承载力计算

在小偏心受压时，截面全部受压或大部分受压，受拉部分的钢筋未达到屈服应力，因此所有分布钢筋都不计入抗弯，这时，剪力墙截面的抗弯承载力计算和柱子相同。

当采用对称配筋时，可用迭代法近似求解混凝土相对受压区高度，进而求出所需端部受力钢筋面积；非对称配筋时，可先按端部构造配筋要求给定 A_s，然后由 $\sum N=0$ 和 $\sum M=0$ 两个平衡方程，分别求解 ζ 及 A'_s。如果 ζ.. h_w/h_{w0}，为全截面受压，取 $x=h_w$，A'_s 可由下式求得：

$$A'_s=\frac{Ne-\alpha_1f_cb_wh_w\left(h_{w0}-\frac{h_w}{2}\right)}{f_y(h_{w0}-a')}$$

式中，$e=e_0+e_a+\frac{h_w}{2}-a$，$e_0=\frac{M}{N}$（其中，$e_a$ 为附加偏心距）。

墙腹板中的竖向分布钢筋按构造要求配置。

注意：在小偏心受压时，应验算剪力墙平面外的稳定，此时按轴心受压构件计算。

3. 偏心受拉承载力计算

当墙肢截面承受拉力时，由偏心距大小判别其属于大偏心受拉还是小偏心受拉。

在大偏心受拉的情况下，截面小部分受压，极限状态下的截面应力分布与大偏心受压相同，忽略压区及中和轴附近分布钢筋作用的假定也相同。因而其基本计算公式与大偏心受压相似，仅轴力的符号不同。

矩形截面对称配筋时，压区高度可由下式确定：

$$x=\frac{f_{yw}A_{sw}-N}{\alpha_1 f_c b_w+1.5f_{yw}\frac{A_{sw}}{h_{w0}}}$$

与大偏压承载力公式类似，可得到竖向分布钢筋抵抗的弯矩为

$$M_{sw}=\frac{f_{yw}A_{sw}}{2}h_{w0}\left(1-\frac{x}{h_{w0}}\right)\left(1-\frac{N}{f_{yw}h_{w0}}\right)$$

端部钢筋抵抗的弯矩为：

$$M_0=f_y A_s(h_{w0}-a')$$

与大偏心受压相同，应先给定竖向分布钢筋面积 A_{sw}，为保证截面有受压区，即要求 $x>0$，由式（3－44）得竖向分布钢筋面积应符合：

$$A_{sw}=\frac{N}{f_w}$$

同时，分布钢筋应满足最小配筋率的要求，在二者中选择较大的%，然后按下式计算端部钢筋面积：

$$A_3=\frac{M-M_{sw}}{f_y(h_{w0}-a')}$$

小偏心受拉时，或大偏心受拉而混凝土压区很小时，按全截面受拉假

定计算配筋。对称配筋时,用下面的近似公式校核承载力:

$$N=\frac{1}{\frac{1}{N_{0u}}+\frac{e_0}{M_{wu}}}$$

式中,

$$N_{0u}=2A_s f_y+A_{sw} f_{yw}$$

$$M_{wu}=A_s f_y(h_{w0}-a')+0.5h_{w0}A_{sw}f_{yw}$$

考虑地震作用或不考虑地震作用时,正截面抗弯承载力的计算公式都是相同的。但必须注意,在考虑地震作用时,承载力公式要用承载力抗震调整系数,即各类情况下的承载力计算公式右边都要乘以$\frac{1}{\gamma_{RE}}$。

(三)斜截面抗剪承载力计算

剪力墙受剪产生的斜裂缝有两种情况:一是由弯曲受拉边缘先出现水平裂缝,然后向倾斜方向发展成为斜裂缝;另一种是因腹板中部主拉应力过大,产生斜向裂缝,然后向两边缘发展。墙肢的斜截面剪切破坏一般有三种形态:

(1)剪拉破坏。剪跨比较大、无横向钢筋或横向钢筋很少的墙肢,可能发生剪拉破坏。斜裂缝出现后即形成一条主要的斜裂缝,并延伸至受压区边缘,使墙肢劈裂为两部分而破坏。竖向钢筋锚固不好时,也会发生类似的破坏。剪拉破坏属于脆性破坏,应当避免。避免这类破坏的主要措施是配置必需的横向钢筋。

(2)斜压破坏。斜裂缝将墙肢分割为许多斜的受压柱体,混凝土被压碎而破坏。斜压破坏发生在截面尺寸小、剪压比过大的墙肢。为防止斜压破坏,应加大墙肢截面尺寸或提高混凝土等级,以限制截面的剪压比。

(3)剪压破坏。这是最常见的墙肢剪切破坏形态。实体墙在竖向力和水平力共同作用下,首先出现水平裂缝或细的倾斜裂缝。水平力增大,出现一条主要斜裂缝,并延伸扩展,混凝土受压区减小,最后斜裂缝尽端的受压区混凝土在剪应力和压应力共同作用下破坏,横向钢筋屈服。

墙肢斜截面受剪承载力计算公式主要是建立在剪压破坏的基础上。受剪承载力由两部分组成：横向钢筋的受剪承载力和混凝土的受剪承载力。作用在墙肢上的轴向压力使截面的受压区增大，结构受剪承载力提高；轴向拉力则对抗剪不利，使结构受剪承载力降低。计算墙肢斜截面受剪承载力时，应计入轴力的有利或不利影响。

1. 偏心受压斜截面受剪承载力

在轴压力和水平力共同作用下，剪跨比不大于1.5的墙肢以剪切变形为主，首先在腹部出现斜裂缝，形成腹剪斜裂缝，裂缝部分的混凝土即退出工作。取混凝土出现腹剪斜裂缝时的剪力作为混凝土部分的受剪承载力，是偏于安全的。剪跨比大于1.5的墙肢在轴压力和水平力共同作用下，在截面边缘出现的水平裂缝向弯矩增大方向倾斜，形成弯剪裂缝，可能导致斜截面剪切破坏。将出现弯剪裂缝时混凝土所承担的剪力作为混凝土受剪承载力是偏于安全的，即只考虑剪力墙腹板部分混凝土的抗剪作用。

试验结果表明，斜裂缝出现后，穿过斜裂缝的横向钢筋拉应力突然增大，说明横向钢筋与混凝土共同抗剪。

在地震的反复作用下，抗剪承载力降低。

综上，偏心受压墙肢的受剪承载力计算公式如下：

无地震作用组合时：

$$V=\frac{1}{\lambda-0.5}\left(0.5f_t b_w h_{w0}+0.13N\frac{A_w}{A}\right)+f_{yh}\frac{A_{sh}}{S}h_{w0}$$

有地震作用组合时：

$$V=\frac{1}{\gamma_{RE}}\left[\frac{1}{\lambda-0.5}\left(0.4f_t b_w h_{w0}+0.1N\frac{A_w}{A}\right)+0.8f_{yt}\frac{A_{sh}}{S}h_{w0}\right]$$

式中：$b_w h_{w0}$——墙肢截面腹板厚度和有效高度；

A，A_w——墙肢全截面面积和墙肢的腹板面积，矩形截面；

N——墙肢的轴向压力设计值（抗震设计时，应考虑地震作用效应组合；当 $N>0.2f_c b_w h_w$ 时，取 $N=0.2f_c b_w h_w$）；

f_{yt}——横向分布钢筋抗拉强度设计值；

S, A_{sh}——横向分布钢筋间距及配置在同一截面内的横向钢筋面积之和；

λ——计算截面的剪跨比，$\lambda = M/Vh_w$（$\lambda < 1.5$ 时取 1.5，$\lambda > 2.2$ 时取 2.2；当计算截面与墙肢底截面之间的距离小于 $0.5h_{w0}$ 时，λ 取距墙肢底截面 $0.5h_{w0}$ 处的值）。

2. 偏心受拉斜截面受剪承载力计算

大偏心受拉时，墙肢截面还有部分受压区，混凝土仍可以抗剪，但轴向拉力对抗剪不利。其计算公式如下：

无地震作用组合时：

$$V = \frac{1}{\lambda - 0.5}\left(0.5f_t b_w h_{w0} - 0.13N\frac{A_w}{A}\right) + f_{yh}\frac{A_{sh}}{S}h_{w0}$$

有地震作用组合时：

$$V = \frac{1}{\gamma_{RE}}\left[\frac{1}{\lambda - 0.5}\left(0.4f_t b_w h_{w0} - 0.1N\frac{A_w}{A}\right) + 0.8f_{yt}\frac{A_{sh}}{S}h_{w0}\right]$$

（四）水平施工缝的抗滑移验算

由于施工工艺要求，在各层楼板标高处都存在施工缝，施工缝可能形成薄弱部位，出现剪切滑移。抗震等级为一级的剪力墙，应防止水平施工缝处发生滑移。考虑了摩擦力有利影响后，要验算通过水平施工缝的竖向钢筋是否足以抵抗水平剪力。当已配置的端部和分布竖向钢筋不够时，可设置附加插筋，附加插筋在上、下层剪力墙中都要有足够的锚固长度，其面积可计入义。水平施工缝处的抗滑移应符合下式要求：

$$V_{wj} = \frac{1}{\gamma_{RE}}(0.6f_y A_s + 0.8N)$$

式中：V_{wj}——剪力墙水平施工缝处剪力设计值；

A_s——水平施工缝处剪力墙腹部内竖向分布钢筋和边缘构件中的竖向钢筋总面积（不包括两侧翼墙），以及在墙体中有足够锚固长度的附加竖向插筋面积；

f_y——竖向钢筋抗拉强度设计值；

N——水平施工缝处考虑地震作用组合的轴向力设计值，压力取正值，拉力取负值。

（五）墙肢构造要求

1. 最小截面尺寸

墙肢的截面尺寸应满足承载力要求，同时还应满足最小墙厚的要求和剪压比限值的要求。

为保证剪力墙在轴力和侧向力作用下的平面外稳定，防止平面外失稳破坏以及有利于混凝土的浇筑质量。

试验结果表明，墙肢截面的剪压比超过一定值时，将过早出现斜裂缝，即使增加横向钢筋也不能提高其受剪承载力，且很可能在横向钢筋未屈服时，墙肢混凝土发生斜压破坏。为了避免出现这种破坏，应限制墙肢截面的平均剪应力与混凝土轴心抗压强度之比，即限制剪压比。

2. 分布钢筋

剪力墙内竖向和水平分布钢筋有单排配筋及多排配筋两种形式。

单排筋施工方便，因为在同样含钢率的情况下，钢筋直径较粗。但当墙厚较大时，表面容易出现温度收缩裂缝；此外，在山墙及楼电梯间墙上，仅一侧有楼板，竖向力产生平面外偏心受压，在水平力作用下，垂直于力作用方向的剪力墙也会产生平面外弯矩。因此，在高层剪力墙中，不允许采用单排配筋。当抗震墙厚度大于 140mm，且不大于 400mm 时，其竖向和横向分布钢筋应双排布置；当抗震墙厚度大于 400mm，且不大于 700mm 时，其竖向和横向分布钢筋宜采用三排布置；当抗震墙厚度大于 700mm 时，其竖向和横向分布钢筋宜采用四排布置。竖向和横向分布钢筋的间距不宜大于 300mm，部分框支剪力墙结构的落地剪力墙底部加强部位，竖向和横向分布钢筋的间距不宜大于 200mm。竖向和横向分布钢筋的直径均不宜大于墙厚的 1/10 且不应小于 8mm，竖向钢筋直径不宜小于 10mm。

一、二、三级抗震等级的剪力墙中竖向和横向分布钢筋的最小配筋率均不应小于0.25%，四级抗震等级的剪力墙中分布钢筋的最小配筋率不应小于0.20%。对高度小于24m且剪压比很小的四级抗震墙，其竖向分布钢筋的最小配筋率允许采用0.15%部分框支剪力墙结构的落地剪力墙底部加强部位，其竖向和横向分布钢筋配筋率均不应小于0.30%。

分布钢筋间拉筋的间距不宜大于600mm，直径不应小于6mm，在底部加强部位，拉筋间距适当加密。

3. 轴压比限值

随着建筑高度的增加，剪力墙墙肢的轴压力也增加。与钢筋混凝土柱相同，轴压比是影响墙肢抗震性能的主要因素之一，轴压比大于一定值后，结构的延性很小或没有延性。因此，必须限制抗震剪力墙的轴压比。

4. 底部加强部位

悬臂剪力墙的塑性铰通常出现在底截面。因此，剪力墙下部高度范围内(为截面高度)是塑性铰区，称为底部加强区。规范要求，底部加强区的高度从地下室顶板算起，房屋高度大于24m时，底部加强部位的高度可取底部两层和墙体总高度1/10中二者的较大值；房屋高度不大于24m时，底部加强部位可取底部一层(部分框支抗震墙结构的抗震墙，其底部加强部位的高度，可取框支层加框支层以上两层的高度及落地抗震墙总高度1/10中二者的较大值)，当结构计算嵌固端位于地下一层底板或以下时，底板加强部位宜延伸到计算嵌固端。

5. 边缘构件

剪力墙截面两端及洞口两侧设置边缘构件是提高墙肢端部混凝土极限压应变、改善剪力墙延性的重要措施。边缘构件分为约束边缘构件和构造边缘构件两类。约束边缘构件是指用箍筋约束的暗柱(矩形截面端部)、端柱和翼墙，其箍筋较多，对混凝土的约束较强，因而混凝土有比较大的变形能力；构造边缘构件的箍筋较少，对混凝土的约束程度稍差。

除了要求设置约束边缘构件的各种情况外，在高层建筑中剪力墙墙肢两端要设置构造边缘构件。构造边缘构件的配筋应满足正截面受压

(受拉)承载力的要求,并不小于构造要求。当端柱承受集中荷载时,其竖向钢筋、箍筋直径和间距应满足框架柱的相应要求。构造边缘构件中的箍筋、拉筋沿水平方向的肢距不宜大于 300mm,不应大于竖向钢筋间距的 2 倍。

6. 钢筋的锚固和连接

剪力墙内钢筋的锚固长度,非抗震设计时,剪力墙纵向钢筋最小锚固长度应取;抗震设计时,剪力墙纵向钢筋最小锚固长度取。

剪力墙竖向及水平分布钢筋采用搭接连接时,接头位置应错开,同一截面连接的钢筋数量不宜超过总数量的 50%,错开净距不宜小于 500mm;其他情况剪力墙可在同一截面连接。分布钢筋的搭接长度,非抗震设计时不应小于 $1.2l_{aE}$,抗震设计时不应小于 $1.2l_{aE}$。

三、连梁设计

剪力墙中的连梁通常跨度小而梁高较大,即跨高比较小。住宅、旅馆剪力墙结构中连梁的跨高比常常小于 2.0,甚至不大于 1.0,在侧向力作用下,连梁与墙肢相互作用产生的约束弯矩与剪力较大,且约束弯矩和剪力在梁两端方向相反,这种反弯作用使梁产生很大的剪切变形,容易出现斜裂缝而导致剪切破坏。

按照延性剪力墙强墙弱梁的要求,连梁屈服应先于墙肢屈服,即连梁首先形成塑性铰耗散地震能量;此外,连梁还应当强剪弱弯,避免剪切破坏;一般剪力墙中,可采用降低连梁弯矩设计值的方法,按降低后的弯矩进行配筋,可使连梁先于墙肢屈服和实现弯曲屈服。由于连梁跨高比小,很难避免斜裂缝及剪切破坏,必须采取限制连梁名义剪应力等措施推迟连梁的剪切破坏。对于延性要求高的核心筒连梁和框筒裙梁,可采用配置交叉斜筋、集中对角斜筋或对角暗撑等措施,改善连梁的受力性能。

参考文献

[1]阿天林.建筑工程管理与实务[M].沈阳:辽宁科学技术出版社,2022.
[2]郭仕群.高层建筑结构设计[M].重庆:重庆大学出版社,2022.
[3]李守全.现代建筑工程管理与施工技术应用[M].长春:吉林科学技术出版社,2023.
[4]梁万波,徐征,吕沐轩.建筑工程管理与建筑设计研究[M].长春:吉林科学技术出版社,2022.
[5]林拥军.建筑结构设计[M].成都:西南交通大学出版社,2020.
[6]马兵,王勇,刘军.建筑工程管理与结构设计[M].长春:吉林科学技术出版社,2022.
[7]普荃.建筑工程施工组织设计与管理[M].北京:人民交通出版社,2016.
[8]潘智敏,曹雅娴,白香鸽.建筑工程设计与项目管理[M].长春:吉林科学技术出版社,2019.
[9]戚军,张毅,李丹海.建筑工程管理与结构设计[M].汕头:汕头大学出版社,2022.
[10]宋岩.高层建筑钢结构设计原理与应用[M].青岛:中国海洋大学出版社,2019.
[11]唐兴荣.高层建筑结构设计[M].北京:机械工业出版社,2018.
[12]王振华.基于BIM的建筑工程管理云平台架构设计与应用研究[M].郑州:河南人民出版社,2019.
[13]尹飞飞,唐健,蒋瑶.建筑设计与工程管理[M].汕头:汕头大学出版社,2022.
[14]袁志广,袁国清.建筑工程项目管理[M].成都:电子科学技术大学出版社,2020.

[15]翟兴众，吕燕，石峰. 建筑工程管理与成本核算[M]. 长春：吉林科学技术出版社，2023.

[16]张嘉民，张展飞，邓晓涛. 建筑工程建设管理与结构设计应用[M]. 西安：西安地图出版社，2022.

[17]张轶，刘林庆，陈兆升. 建筑工程管理与实务[M]. 哈尔滨：哈尔滨工程大学出版社，2023.

[18]朱江，王纪宝，詹然. 建筑工程管理与施工技术研究[M]. 长春：吉林科学技术出版社，2022.

[19]郭梁. 建筑工程管理策略探讨[J]. 建材发展导向，2021(12)：17－18.

[20]韩勇，李峰，高硕. 建筑工程结构设计与施工管理[J]. 中国建筑金属结构，2022(8)：110－112.

[21]李经. 浅谈实训建筑工程管理[J]. 建材发展导向，2021(5)：362－363.

[22]刘军军. 建筑工程管理现状与控制策略研究[J]. 建材与装饰 2021(36)：118－119.

[23]刘宇，张帅群. 房屋建筑工程管理分析[J]. 房地产导刊，2023(6)：18－20.

[24]刘志鸿. 民用建筑工程设计过程管理探讨[J]. 中州建设，2023(2)：34－35.

[25]孟义川. 建筑工程设计质量的控制与管理[J]. 现代企业文化，2022(18)：28－30.

[26]倪文闻. 建筑工程设计管理问题要点研析[J]. 散装水泥，2023(5)：41－43.

[27]史靓辰. 建筑工程管理模式探讨[J]. 中国建筑装饰装修，2021(5)：178－179.

[28]魏明全，邹梅. 现代建筑工程设计项目管理的分析[J]. 低碳世界，2022(2)：107－109.

[29]吴宏欣. 建筑工程管理创新路径探索[J]. 商品与质量，2021(43)：21－22.

[30]张锐. 建筑工程管理的控制措施[J]. 建材与装饰，2021(28)：113－114.

[31]张勇. 建筑工程结构设计与施工管理研究[J]. 建材与装饰，2023(8)：39－41.

[32]赵志云. 现代建筑工程设计项目管理的研究[J]. 中国航班，2022(22)：163－166.